科技女的職場修練與冒險

亞蘭娜．凱倫 Alana Karen 著

The Adventures of Women in Tech

獻給我的祖母與外祖母，她們熱愛閱讀，
並且相信人的一生都在學習。
也獻給正追隨她們腳步的我的孩子們。

推薦序

來自科技圈的歷險記
Foreword

◎矽谷科技圈，強力推薦：

「這本書對於應屆畢業生或有經驗的人來說，是必備品，亞蘭娜・凱倫巧妙地講述了科技界不同女性的故事，並展示了為什麼歸屬感在職業和工作場所如此重要。當我們正在世界和工作中解決多樣性問題時，《科技女的職場修練與冒險》是一本出色且及時的讀物。」

——Google產品高級副總裁／喬納森・羅森伯格（Jonathan Rosenberg）

「在科技界做一名女性可能會感到孤獨，但若知道有人經歷過妳的經歷後，將會產生很大的不同。在本書中，亞蘭娜・凱倫捕捉到了各種經歷，從職業生涯初期的女性，到已從業多年的女性。正如我之前在Google的職業生涯中所知道的（我很自豪我的團隊中有她在），科技是一個令人興奮和滿足的領域——並且隨著科技業中女性的增加，尤其是在領導階層，它會變得更好。」

——Facebook運營長、《挺身而進》作者／雪柔・桑德伯格（Sheryl Sandberg）

「《科技女的職場修練與冒險》是靈感和真實的對話。亞蘭娜・凱倫提供了關於數十名在科技公司工作的女性的豐富故事，並通過資訊研究和實際操作來支持她的訪問。無論妳的職業生涯是剛開始還是正尋找下個篇章，這本書的內容總有妳需要的東西。」

——KVOX Media 創始人、《越內向，越成功》作者 / 凱倫・維克爾（Karen Wickre）

「終於有一本坦率地向當代科技界女性發聲的書籍了！亞蘭娜・凱倫以她的見解和嫻熟的寫作技巧，展示科技界女性的驚人才華和專業，以及她們在職業生涯中所面臨的真實挑戰。無論是直接閱讀並產生共鳴，還是作為一位對科技女性的支持者，這本書對於任何人來說都是一個絕佳的機會。」

————Women 2.0 首席執行官、W Fund 創始人 / 凱特・博達克（Kate Brodock）

◎台灣科技圈，好評推薦：

「這是作者在舊金山生活、在科技圈的故事，她以Google女性領導人角色出發，述說在男性文化主導的世界裡，如何成功建造起自己的職涯與貢獻。我們雖然身在台灣，但在許多傳統看起來是男性為戰場的行業中，近年來我也看到許多成功女性領導人發光發熱、引領突破與創新，希望這本書能夠帶給台灣企業更多啟發，並提供女性讀者更多實用解方與勇氣，讀完能夠跟著試看看！」

——KKday 營銷長 / 黃昭瑛 Yuki

作者序

為了自己，也為了別人
Introduction

我生於1977年，正是早期女權主義的全盛時期。我母親討厭芭比娃娃，也不准我收看那些沒有好好打造女性角色的電視節目。其中，影集《三人行》（Three's Company）最令她忍無可忍，故事情節是這樣的：約翰李特（John Ritter）飾演傑克區普（Jack Tripper），他在劇中假扮男同性戀，並與兩名愛穿短褲的女子同居。他們的房東非常愛管閒事，因此衍生出各種笑料。當然，這部劇一點也不過時，約翰李特的笑容又是這麼迷人……不過，這些都不是我的重點。

許多孩子直到年滿18歲進入大學、搬進宿舍，才首次體驗離開父母的生活，但我則是自小在宿舍裡出生長大。我的母親任職於道格拉斯學院（Douglass College），也就是羅格斯大學位於紐澤西的女子校區，她的職位是地區協調員，但工作內容是包括總經理、房東和宿舍阿姨的神奇組合。在我的記憶裡，她的工作包山包海，管理多棟宿舍，這表示她要經常處理各種誇張的爭執、吵鬧的音樂、焦掉的爆米花以及火災警報。她還為每年的寢室抽籤設計了極其複雜的流程，要用上巨型軟木板與各種顏色的紙張。此外，母親也曾在半夜被叫去處理自殺未遂事件、輔導問題學生，還要保管所有學生檔案，然後每年在資料夾的紙張內頁上為退宿的學生逐一簽退。我出生的那一天，她就是在忙這個。

我的母親會有如此強大且強勢的女權信念，並非出自於選擇。根據國家薪酬平等委員會（National Committee of Pay Equity）的資料，在我出生的那年，女性收入僅是男性的58.9%，也難怪我母親在肚子開始陣痛後仍繼續工作。在80年代，薪資水準緩慢上升，在1989年達到男性薪資的66%，而在我整個童年時期，母親的薪資就是我家的主要收入來源，在她為羅格斯大學工作20年後，她的年收和我在新創公司的起薪35,000美元相比，僅高出5,000美元。

在成長過程中，我曾認為母親的女權信念很搞笑。她經常穿著在會議裡領到的鮮紅色上衣，上面印著幾個世紀以來「女人」一詞的各種寫法，我會故意把它唸成「你人、呂人、裡人」，因為小時候的我覺得這件衣服很荒唐，上面的各種拼寫都很搞笑；而現在我意識到，無論我們被冠上何種稱呼，「女性」二字本身就是一個生存故事。

1999年，當時我22歲，正是開始求職的時候。那時我以為世界早已進化，跨越了過去不平等的年代，畢竟那時候大學畢業的女性已經比男性來得多，這樣看起來我們已經平等了，不是嗎？[1]我的朋友有男有女，不分性別都一樣聰明風趣，大家在同一間學校裡求學、畢業、獲得學位，而現在我們要就業了！假使那時的我多花點時間留意細節，應該不難發現進入金融業與電腦科技領域的男性多過於女性。[2]那時我也沒有去深究女性是否在某些特定課程被刷掉的比例較高，或者其實只是男生們在校園求職面試中表現得比女生好。總之，當時的我沒有特別去關注諸如此類的事。

我自然而然受到人文教育吸引，最終畢業於歷史系。我的興趣距離作為時代主流的生財科系非常遙遠，所以我想我應該就是自己的最大敵人吧！不過有一件事拯救了我，就是我超級沉迷網路。在小時候，我的父親帶我認識了電腦，我非常享受操作電腦的任何時刻，而且小小年紀就練成打字快手，我也喜歡架構網站、享受敲著鍵盤、融合藝術與科技、打造清晰且賞心悅目的內容。我更自學了HTML，甚至說服了我的教授，以製作網站專案的方式

---

1 根據Statista，「美國自1949-1950年至2030-2031年間頒發的學士學位數目（依性別劃分）」，發佈日期：2021年10月。https://www.statista.com/statistics/185157/number-of-bachelor-degrees by-gender-since-1950/.

2 朗達歐森（Randal S. Olsen）發表於2014年6月14日，「授予女性學士學位的百分比，按主修科目劃分（1970-2012）」。

來取代論文。

我非常享受為了處理公司網站問題而忙得天昏地暗的實習時光。儘管我的技術資格不符，我還是逼著自己前往達頓商學院（Darden Business School）實習，處理Adobe Flash設計。然而，在那間如同祕密社團般的幽暗辦公室裡，我在那些拼命打字又懂得比我多的男生們之間，早該意識到這件事：「我是女生」。

可是我沒有。

從小，我的父母就教導我平等的態度，他們對我很嚴格，而我也一向都能不斷進步。我很習慣被人看扁，但我以自己155公分的嬌小身材為傲，而且對任何事都無所畏懼。總之，我向來很習慣各種必須證明自己能力的狀況，也習慣人們因為我的敏捷聰穎而感到驚訝。難道不是每個人都是這樣過來的嗎？

然而，達頓實驗室裡的男生們都很封閉，他們隨時都在黑暗的房間裡忙著寫程式，甚至實驗室經理還告訴大家絕對不可以被我拖慢工作速度，所以我只能自己想辦法學習各種技能，必須爭取自己的一席之地。時間來到1998年，那時我還是沒辦法拿到Adobe Flash程式課程名額，幸好那裡有個男生對我還算友善，我便總是坐在他旁邊，如此一來他無法避開我，我也會偷盯著他的工作，悄悄地學習。

憑著這段實習與線上專案的工作經驗，我拿下了第一份作為網路系統管理員的工作，工作地點是在我的母校維吉尼亞大學（University of Virginia）。我再次靠著能言善道獲得了這份職務，我說服了教授們，讓他們信任我能把文理學院的網頁改頭換面。我發現對教授們來說，比起技術能力，更重要的是能夠製作出符合大學價值與美感的漂亮網站，於是我竭盡所能呈現各種奶油色階來表現出不同風格，同時還有扎實的內容管理，所以最後拿下了這份工作。

我是在1999年夏天開始接手這份工作。那時維吉尼亞大學的網路系統管理員也是位女性，她不敢相信學校聘用了一名大學主修歷史又毫無相關經驗的新人。這位女性希望可以主導學校的所有網站，以確保學校在各頁面上的內容具有一致性，結果我這22歲的新人打亂了她的計畫，於是我又必須再一次證明自己了，而這次我發現妥善經營人際關係，遠比技術方面的能力來得重要。幾個月後，我成功完成網站改版，同時也必須想辦法向前輩與她的同僚證明任用我不是一個錯誤的決定，結果證實了我很有天分。

問我是否有過這種念頭：「如果我是男生，那我就不必費力說服大家了。」事實上，我沒有，因為那時我還完全沒有意識到這一點。我覺得對我能力的質疑似乎都很合理，畢竟我所遵循的是古老信念：「裝久了就會變成真的。」我也沒有和周遭的人比較，或是認為其他人擁有成功的特殊捷徑。

直到最近幾年，當我開始回顧一路走來的經歷，我才看見這些令人心痛的事實。假如當時我沒有那種自信呢？假如我那時稍微有點脆弱呢？那我應該早就辭職了吧？如果那時我感到被冒犯呢？如果當時我認為因為我是女生，絕對沒有人會把我當一回事，或是沒有辦法做自己呢？現在我手中這份成功且有意義的事業，就像是旋轉門另一邊的平行時空，門的兩側可能是兩種大相逕庭的人生。如果那時我認為這是一場不值得投入的苦戰，或是因為在職場中變成不受歡迎的人，而覺得科技業不是我該走的路，那麼我現在就不會擁有在科技領域20年的經驗了。這些都是環境中的風險，像我一樣的女性們，得一路咬牙苦撐、靠著堅持才能前進。

我們的社會已來到了重要時刻。我這一代的女性們，可以幫助下一代的女性在科技領域成長茁壯，雖然已有數以百萬計的女性任職於科技產業，但聘用和留任的數字卻相當糟糕，我們得留在這裡提供協助。科技公司常態性公佈它們的多樣性統計數字，許多公司努力讓女性在技術崗位上的比例達到

25%[3]，但科技領域中56%的中階女性員工仍離開了任職機構。[4]此外，作為少數族群的人們，就算擁有足以勝任職位的條件，也不會選擇科技產業。[5]

若我今天將要開始就職，我會根據這些數據選擇科技產業嗎？聽到關於科技圈裡的男性文化的故事後，我還會選擇科技領域嗎？如果工作與生活的平衡是我重要的考慮因素，那我還會選擇科技業嗎？

任職於谷歌（Google）18年之後，我也經歷了一兩次冒險。從2001年開始的玩票性新創工作，現在已成為一段極具意義的數十年職業生涯，在這中間我曾兼任四份不同工作，遭遇過無數阻礙，我身兼妻子與人母的同時，還管理指導了上百名才華洋溢的團隊成員，這些既是挑戰也是收穫，就連我正在抱怨的時候，其實也仍喜歡這樣的生活。然而，當我們討論科技圈時，我們不太能夠聽到這類令人欣慰的女性成功故事，雖然這類故事沒有什麼遠大願景或成為高階領袖的雄心，但卻能夠提供通往成功和滿足的途徑。當然，從任何角度來說，科技之路都絕對不是一段完美旅程。沒錯！我還是會想離開，但更多時候我仍想留下來。

故事很重要，人都是透過故事來學習。雖然數據可以提醒我們注意問題點，但唯有透過與人交談，才能幫助我們找到觀點。在本書中，我透過所遇到的近百位科技圈成功女性的故事來跨越鴻溝。關於她們是誰？她們選擇了什麼道路？她們成功的關鍵技能是什麼？她們有多少人想尋求領袖職位？她們所面臨的障礙是什麼？她們從誰那裡得到了何種支持？她們會如何給他人繼續前進的建議？哪些是她們最困難的日子？她們又是如何克服？以上這些問題不僅針對職涯，也與個人生活有關。

---

3 Harrison, Sara，「科技多樣性五年報告結果：幾乎毫無進展」，2019年10月1日。https://www.wired.com/story/five-years-tech-diversity-reports-little-progress/

4 Catherine Ashcraft, Brad McLain, 以及Elizabeth Eger，「關於科技界女性的事實」，全國科技界婦女中心，2016年。

5 Bui, Quoctrung, 以及Miller, Claire Cain，「為何沒有讓更多的黑人和西班牙裔人進入科技業工作」，《紐約時報》，2016年2月26日。

而我所煩惱的是，並非故事中的每個人都認為自己屬於科技行業。我們並非生於能夠對遠大目標抱持信心的世界中，也不是每個人都擁有光鮮亮麗的職業經歷，這樣的事實讓我感到悲傷，而我又該如何帶來影響？我想要突破有限故事所創造的界線，讓我們看見已存在我們之間的多樣性。在書中，我們可以看見每位擁有自己獨特超能力的女性們，談論探索職涯的各種方式、彼此幫助、所承擔的壓力以及遇到的機會，最後更透過深入挖掘女性為何留下或離開科技業的故事，讓我們能夠找到最好的方式，去支持彼此與下個世代的人才。

三大部分 Three parts

我試著想像這本書的讀者樣貌時，一開始想到的是任職科技公司的女性。她們正努力開闢著屬於自己的道路，並且對其他人的經歷感興趣，就像當年的我一樣。當女性們心裡產生「我是否屬於科技領域、是否有足夠的技術能力、是否是真正的領導者」等等的心情時，我希望能夠在她們的職涯中給予支持，幫助她們對作為科技女性這件事擁有更多自信。接著，我也想到了那些在畢業後考慮從事科技業的學子，她們應該會想瞭解自己是否能夠適應科技產業。最後，我想到我的同伴們，或是對女性科技工作者的故事會感興趣的讀者們。

考慮到這幾類讀者，我將這本書區分為三大部分：

在第一部中，我將探討我所遇見或訪問過的那些科技女性，她們在科技公司中可能擔任科技類或非科技類的角色，也有些在非科技公司中擔任科技類職務。我探討了她們進入科技業的各種途徑與背景，以及不同女性所表現出的獨特性與價值觀。在最後則是探討社會強加給我們的成功定義，與女性們的野心大相逕庭。

我在第二部中，提出了一個問題：「如果我們進入科技產業，又會發生什麼事呢？」 我揭開了作為少數族群可能會面臨的利弊，也討論「女性是否需要討人喜歡？」的疑問，並探求為什麼有時候女性們不會互相幫助這件事。此外，我還討論了在從事科技工作的同時，建立個人生活和家庭代表著什麼，而這也是與我本人相當有關的議題。

第三部則更為務實，我分享了可以用來發展事業和解決困境的能力與工具。無論是導師、贊助商、社群還是朋友，在此也討論了這些職場支持者的重要性，並且梳理生存與成長之間的區別，最後一章則是探討我們為什麼會留在科技圈，又為什麼會離開？

最後我以女性們為了促進女性在科技圈的職涯發展，而採取的後續行動作為結論收尾。謝謝你加入並閱讀我的探索之旅。

關於寫作方式的說明 A note on methodology

數據偏差是真實存在的，為此我努力透過訪問不同技術和非技術背景、資歷水準和就業狀況的女性，針對一些自然選擇偏差（最關鍵的是倖存者偏差）取得平衡。因為一開始我的訪問對象限於自己所認識的女性，或是曾在某段時期共事過的女子，後來我也藉由別人介紹與LinkedIn從網路延伸出去。在採訪中出現過的這些受訪者來自65家不同公司或機構，並且橫跨35個工作領域。

我也刻意採訪擁有種族背景或其他特點的女性，因為我認為科技現況應該要看起來符合學士學位的人口分佈[6]，並且我也希望能夠清晰表現出這些女性的訴求。有時候我會刻意尋找不同的視角，例如離開科技界的女性、曾經任職於新創公司的女性，或是自己創業的女性。在可能的情況下，我也透過某些研究、書籍和數據來補充這些故事。在本書的範圍內，我關注的主要是美國本地的企業和員工。

6 國家教育統計中心（National Center for Education Statistics），「2000年和2019年青年人的教育程度：按種族和民族劃分的25至29歲人士中，擁有學士學位或更高學位之百分比」Https://nces.ed.gov/programs/coe/indicator_caa.asp

最後，為維持受訪人物的主題一致性，我也透過運用幾組問題範本來進行訪談。這些問題是基於我與員工的職涯對話，並且來自GROW模型的啟發。[7] 我以簡單的問題開啟對話，例如：「妳在學校是學什麼呢？」[8] 在編彙本書訪談內容時，我也小心翼翼地對文字做最小程度的整理，以此幫助讀者加強理解（例如減少重複語句、刪除如「嗯」、「你知道」這類的贅詞）。

同時我也必須承認，在受訪者背景中，谷歌占了很大比重，有些受訪者是現任員工，也有些是離職員工。超過60%的受訪者曾在職涯的某階段任職於谷歌，甚至也包括實習工作。雖然我已經刻意尋找其他訪談對象，但最後會發現這些人也曾在谷歌工作過，或許因為谷歌經常是科技業裡的夢想公司，也可能谷歌對這些女性的資歷帶來了影響。無論女性們在哪裡工作，由於她們的角色、團隊與個人經歷都有所差異，所以呈現的經驗談也大不同。大多數女性的職涯橫跨多家公司，這表示她們的故事不止包括一處職場。

最後，我把這些資訊以故事的形式呈現出來，用一種像是通往我家客廳或辦公室大門的方式，讓你讀到我每天所聽到的內容，因此這些故事感覺上更像趣聞軼事。就性質來說，這部著作不是一項分析研究，我所捕捉到的內容是人們經歷過的感受和數據的總合。無論是否喜歡，我經常引用的數據僅占故事過程的一部分，更多時候故事都是由感覺來推動。

你不會看到我在採訪中挑戰或駁斥這些女性，我反而很感激她們的故事，也將她們的故事視為真相。多數情況下，我能聽見她們的感受、觀察以及在某個特定日子的記憶。我非常認真去傾聽這些女性的心聲，以及尊重她們對我分享自身故事的信任。

基於受訪者的要求及適當性的緣故，受訪者的身分皆以假名與綜合數據

---

7 績效諮詢（國際）有限公司（Performance Consultants (International) Ltd.），「增長模式」，2019年。Performanceconsultants.com/grow-model

8 Schneider, Michael，「Google經理運用簡單框架來指導員工」，2018年7月30日。https://www.inc.com/michael-schneider/google-discovered-toptrait-of-its-most-effective-managers-you-can-develop-it-too.html

匿名化處理，使她們更加放心。

讀完這本書後，妳的個人經驗或許會讓妳喃喃自語說：「這都是騙人的！」也可能對於某個我所選擇的案例或語句感到生氣或不認同。我在多年職涯中學到的一個寶貴教訓正是「傾聽是為了學習，而不是為了糾正」，雖然這句話也出現在嘲諷女性只想要別人傾聽，然後抗拒糾正的笑話中，但它其實也適用於我們所有人。我們是否能好好接收這些故事的原貌，並試著理解他人的經歷？如果那確實是他們的處境，我們該如何為他們的事業帶來正面影響？

我對讀者有什麼要求呢？請你帶著一顆好奇心閱讀這些故事，並思考各種可能性，這是為了我們自己，也是為了他人。

目 錄

第三部｜典範的力量 THE POWER OF EXAMPLE

第一部

你是科技人

YOU BELONG IN TECH

「我認為妳這樣做很棒！到了職涯這個階段，特別是身為家中的經濟支柱，我不斷想到的是——要是在12年前，我獲得現在的職位時，已經有一位比我早12年來到這裡的女性前輩告訴我：『妳會沒事的。』這樣該有多好！跟我說這件案子怎樣進行、這些工作怎麼運作、這邊的人如何待人處事。我希望能夠將這些事開誠布公，並在社群中引起討論，因為我期盼看到一位50多歲的中年女子……仍然在職場中重新發掘自己，或是繼續擊碎一切，享受這場瘋狂的競賽。」

——貝瑟妮拜恩斯（Bethanie Baynes）

1-1 我們都來自不同地方 We Come from Everywhere

—— 人人擁有不同背景，多樣性與差異化，讓科技業的妳我更需要「包容性」

我那勉強生出來的論文 My barely there thesis

我早早就把這一章的標題定為：「我們都來自不同地方」。在科技業中，關於多元文化問題的新聞層出不窮[9]，我的立場也看似頗具爭議性，但我自己並不這麼認為。從事科技工作20年，我可以自信地說，自己一直生活在多元文化之中。我不斷與不同背景的人相遇，儘管彼此間存在差異，但我們依然互相扶持。既然如此，我們還需要更豐富的多元性嗎？那是當然！絕對如此！我們必須承認並接受存在於群體中的各種觀點及背景，否則就忽略了包容性的其中一項關鍵原則：**讓每個人都有歸屬感**。假如連這一點都做不到，我們所擁有的多元性也是岌岌可危，因此我將本章重點放在你我之間的獨特性，以及為何需要這些差異。

為什麼要強調這點呢？因為擁有多元的想法、經驗及觀點非常重要，有越來越多的研究證明了這一點。這不僅關乎我們的感受，也關乎績效標準與經濟成果。根據全國科技界婦女中心的資訊[10]，在一項針對全美50間企業的研究中發現，種族和性別越多元的企業，銷售收益、市場佔有率、相對利潤及客戶數也相對越高。

9　Bogost, Ian，「資訊技術產業的多樣性問題」，《大西洋》（The Atlantic），2019年6月25日。https://www.theatlantic.com/technology/archive/2019/06/tech-computers-are-bigger-problemdiversity/592456/

10　全國科技界婦女中心，「資訊技術領域的女性［2016年更新］」，查詢時為2020年5月27日。https://ncwit.org/women-in-it-the-facts-infographic-2016-update/

另一項研究則顯示，與其他團隊相比，男女人數相等的團隊更具有創造性、實驗性，並且更能互相交流及完成任務。有趣的是，經過一系列數學統計及電腦模擬的研究後，還發現一項與世俗認知稍有不同的結果：**「多元性高的團隊強過由頂尖成員組成的菁英團隊」**。菁英團隊因為常有意見分歧的情況，也面臨缺乏批判性思維的風險，相對容易出現失敗的創意與產品。

隨著科技界的多元問題浮上檯面，我們對於特定議題的關注度越來越高。這也是因為在各家科技公司公開的多元性研究中，紛紛將焦點著重於「種族」與「性別」上的緣故。這些議題相當重要，我極為樂見它們被揭露出來，並被試圖努力化解。在本書中我也會不斷聚焦這些議題，分享在科技界中不同職務、企圖和背景的女性代表故事，她們都擁有各自的地域環境、社經地位或生活經歷。假如我們忽略差異性，只講述怪咖工程師、科技宅男，或是體面企管菁英的故事，那麼就無法如實呈現群體的豐富性，我們將失去包容性中最關鍵的核心——**認知，並承認彼此都是群體的一部分**，因此我們現在就該做出改變。

在訪問過程中，每位女性在走入科技業前的工作背景都讓我相當驚訝。有人因為對數字的熱愛而從事會計工作，也有人從事廣告與數位媒體產業，另一位則是從事可以接觸溝通、寫作和管理機會的客服工作。現在她們在科技業的故事還繼續著，在這一章會讓你知道為什麼我想寫這本書的原因。

為了讓讀者了解，我總結了不同女性的背景、職位和進入科技業的契機等等。在這一章除了有我訪問過的女性之外，也包含其他沒有進行訪問的女性，這些人的經歷和背景甚至更豐富。在這本書中，會看見許多不同女性在科技業的經歷，雖然難以持續關注書中提及的每位女性，但仍然可以選擇閱讀那些讓你印象深刻和產生共鳴的女性故事。

最初的夢想 Original dreams

第一點也是最重要的一點——我們很幸運。多數女性不會想到她們有天會在科技公司工作。有可能是因為年輕時還沒有發達的網際網路概念，當然也有其他原因。我擁有歷史學士學位，也學習法語和創意寫作，這些經歷背景聽起來很不像在谷歌工作18年的人，但確實是這樣沒錯。在訪問中也看見許多跟我類似的情況：**女子們的結局和當初的起點差距很大**。

安妮藍吉（Annie Lange），技術產品管理 Technical Program Management

「以前我總是想像著自己在緬因州的小屋裡寫書，但我現在做的事情跟寫書完全不一樣。我現在跟其他人一起工作，而且組織管理他們的工作內容。」安妮研究所畢業後，擔任數位圖書館管理員，並考慮攻讀詩文博士學位。在一次前往舊金山的旅行中，安妮拜訪在新創公司裡工作的朋友，她看見那些員工們聰明、積極、步調迅速，而且他們不必像安妮一樣「為了一個修改而等上數個月時間，只為了接受委員會審查」，安妮立即被這裡的工作環境所吸引。

安妮沒有坐上回程班機，她遠端辭掉工作，並加入一間剛成立的新創公司。她被扔進了與工程師一起工作的環境中，獨自摸索著怎麼進步。當這家新創公司被另一家大型企業Salesforce收購後，安妮進一步成為工程部經理。

卡蜜海克森（Camie Hackson），軟體工程 Software Engineering

卡蜜覺得以後會當醫生，所以在柏克萊修習醫學院預科，但大學裡沒有醫學院預科主修，所以她選擇了她很感興趣的電腦科學。卡蜜在畢業後休息了一整年，接著在工作的同時申請醫學院。「擁有電腦科學學位的人，在矽谷找工作真的很容易。我在矽谷工作六週之後，我知道自己不可能再回醫學院，因為工作實在太開心了。」

孫艾許莉（Ashley Sun），軟體工程 Software Engineering

艾許莉訂定的職業方向是醫學類別，所以在高一參加先修生物課，但她意識到：「恨死生物課了」。於是她申請不同的大學科系，碰巧申請到加州大學柏克萊分校一門尚未宣布的工程學位，這把艾許莉帶往電腦科學課程。艾許莉接觸的第一門課就正中她喜好——商業數學軟體Matlab的課程。「這些概念與思維非常與眾不同，雖然我在這門課裡表現不是太好，但我還是很喜歡這門課。」隨後，艾許莉決定攻讀電機工程與計算機科學學位（EECS）。「這些學位看起來很厲害，但實際上只需要修習兩到三門電機課程，其他學分都是計算機科學，也就是電腦科學。」

艾許莉直到大學階段才開始學習電腦科學，需要付出更多的心力，因為其他同學早早就在接觸編碼了，不過她還是撐了過來。艾許莉在借貸俱樂部（LendingClub）實習了一個夏季，後來借貸俱樂部邀請她畢業後回來全職工作，她表示：「我覺得是我運氣好。」2019年，在加入另一家新公司之前，艾許莉稍作休息去環遊世界。

凱薩琳弗萊茨（Kathleen Fletes），人力資源 Human Resources

凱薩琳因為受到藝術表演的啟發，所以夢想成為百老匯女伶、電影製片或導演。「我覺得那段興趣有點短暫，當時只是一股腦地喜歡電影和藝術。」在高中時代後期，因為凱薩琳的數學非常好，大家建議她接觸工程領域。「我主修土木工程，數學成績第一次拿到C，這對我來說簡直是巨大打擊，所以當時的我一心只覺得做不到，就換了主修科系。」凱薩琳大學畢業後，便一直在人力資源部門（HR）工作，先是擔任臨時員工，後轉為全職。

莎拉菲莉普斯（Sara Phillips），學習與發展部門 Learning and Development

「高中畢業後，我就搬到洛杉磯（Los Angeles），在那裡進行表演，那時沒有太多演出，只在馬里布（Malibu）參加了一些聚會，所以我的學習生涯裡沒有接觸過科技課程。」莎拉回家鄉時，正是科技起飛的時代。「我會進入技術領域，既是偶然也是僥倖。當時正值網路公司破產之後的下一波科技熱潮，我正好在那時展開新的職業生涯。」莎拉一開始在電信商Boost Mobile的客戶支援中心，擔任電話客服專員，後來一路往上攀升。「我負責管理團隊和專案，恰巧遇上首支iPhone推出，我們為蘋果公司做了一場成功的試行專案，現在我在科技圈擁有的一切就是從那時候開始的。」

擁有知識 When we knew

各類型的教育機構不斷進步，也開始把科技內容融入學習之中，好讓學生們可以在進入公司前就學習到相關能力。這也表示人們可以更早把科技當作職業生涯的目標，並且積極學習相關技能讓自己進步，或是獲得科技公司聘用。我們已不再是那個要自學HTML的年代了！科技產業也已經發展成能容納各種人才背景的產業。綜合這些趨勢來看，現在的人們可以在職涯的任何階段，決定是否將科技產業當成他們的棲身之處。

莉絲佩科特（Reese Pecot），信任與安全部門 Trust and Safety

莉絲原本認為自己會成為維護動物權利的律師。不過隨著年齡增長，她對政治環境愈不感興趣。「在法學院裡，我意識到我們所處的世界，有許多事都會受到科技的影響。」在認知到這一點後，她便進入科技領域，先是擔任智慧財產權律師，而後擔任信任與安全部門主管。「關於我進入科技圈這件事，有很大部分是為了知道如何運用科技來讓世界變得更好。」

寶拉納許（Paola Nash），計畫管理 Program Management

寶拉生於舊金山（San Francisco），是家族中第一個擁有大學學位的一代，寶拉形容自己的科技生涯始於「不知不覺的潛移默化」。在科技公司四處湧現之際，她記得：「在大四時，首輪面試之一的工作是臉書（Facebook）的用戶運營專員。」寶拉在2008年的金融危機中畢業，她深深感受到畢業即就業的壓力。

「我沒有強力的身家背景，沒辦法慢慢尋找自己的興趣、熱情，或是在畢業典禮講出自己已獲得大公司的職缺。當時我和其他人一樣，追求的不過是生存而已。作為家中的第一代大學畢業生，並且才剛獲得加州大學柏克萊分校的學位，我的壓力是必須成功，而且不能讓人失望，因此無論是什麼公司的徵才，我都會努力拿到機會」。寶拉先是擔任約聘職的客服專員，獲得了她在科技圈的第一個職務，並且在當中尋求成長，所以現在的她，踏進了計畫管理的事業。

克莉絲波莉托普拉斯（Kris Politopoulos），技術與工程運營 Technical and Engineering Operations

克莉絲小時候就有科技天分，她會使用電腦，甚至是用Basic設計程式。克莉絲喜歡探究事物的運作原理，朋友們在生活中遇到技術問題，也會找克莉絲幫忙。從未受過科技專業訓練的克莉絲，在擔任會計職務時，也開始向從事科技工作的朋友們尋求進入科技業的機會。「你們都知道我有足夠的聰明才智可以做到，你們得讓我有機會進入這個行業。」後來，克莉絲的丈夫就是那位給她機會的人。克莉絲開始在成衣製造商擔任資訊工程支援，她把工作轉換成更具技術性的面向，提供資訊科技支援與內網管理。到2002年，克莉絲已經能夠擔任純技術性工作。

瑪瑞莉尼卡（Marily Nika），產品經理 Product Manager

瑪瑞莉不知道未來要從事什麼，只知道一定會跟電腦科學有關。「我每天熱衷於解決電腦問題，只知道想要從事跟電腦有關的職業。比起閱讀歷史或文學，我更喜歡電腦科學，我可以把電腦科學應用在任何學科作業之中，像是經濟學（為方程式寫腳本）、文學（運用電腦進行研究或論文檢索），甚至是藝術（學習照片編輯軟體）。我在科技環境中長大，並且熱愛科技，從十幾歲就知道自己想從事科技方面的工作。」

娜塔莉亞里松（Natalia Lizon），探索市場團隊的戰略與營運 Go-to-Market Team, Strategy and Operations

娜塔莉亞主修工業工程管理，也擁有企業管理碩士學位。「我所學的不是以技術性為主的傳統工程，我學的內容包含行為研究，更像是藝術和科學的結合，讓我擁有解決問題、思維分析、模型建造、供應鏈管理等等的技能。在科技業裡，我的工作不是編碼或軟體開發，而是偏向於管理諮詢和解決問題。」在大學時期，娜塔莉亞接觸了「醫療保健與核能方面的自動化和數位化」的諮詢工作，而當她留學攻讀企業管理碩士時，她申請了一家科技公司的實習機會。「然後，便成為了現在的我。」

看見未來 Seeing the future

隨著世界迅速變化，多數女性注意到自己所處的產業也正在改變。這些女性是時代的領頭羊，她們想要率先做出行動，此時科技產業便為女性提供新機會。如你所見，想要進入科技產業沒有什麼既定的流程或背景：有人曾在農場工作，有人來自攝影行業，也有人從事幼教業，這些女性最後仍進入了科技圈。她們的相似之處，就是擁有「科技可以改變世界」的先見之明。

貝瑟妮貝恩斯（Bethanie Baynes），業務開發 Business Development

「我曾讀到一篇文章，說谷歌會在每週五提供員工免費霜淇淋，我心想『這公司聽起來很不錯！』就把履歷寄給谷歌，後來他們連絡了我。」

那時是2003年，貝瑟妮在攝影產業工作，當時的公司執行長認為網路只是一時的風潮，貝瑟妮便因為理念不合而轉到一家規模較小的藝術攝影公司，這間公司的網站上陳列了數位化檔案，這在當時是滿先進的，但是卻沒有經營網路銷售。「我那時候心想，『你們要錯失大好機會了！幾乎要成功了，但是卻沒有掌握到網路科技的先機。』因此，即便我不太清楚谷歌這公司在做什麼，但仍然很感興趣。我認為是因為谷歌走在時代尖端，所以才沒辦法真正理解他們的工作內容，這真的太吸引我了。那時候是2004年，我搭飛機前往面試，並加入臨時雇員團隊，開始天天審核廣告。」

卡蜜兒根納歐（Camille Gennaio），實際資產與工作服務 Real Estate and Workplace Services

「我的數學很好，所以第一主修是精算學，當我在霍華德大學（Howard University）學到如何證明零等於零時，我看著教授心想：『我不能再這樣下去了。』」

於是卡蜜兒將主修改成教育學。在卡蜜兒還小的時候，假如她生病不能上學，媽媽只能把她帶到辦公室一起工作，因此卡蜜兒浮現了一個想法，就是公司應該提供托兒服務。她經常詢問媽媽的老闆：「你需要我媽媽來上班的話，就不能有個更好的辦法，讓媽媽可以照顧我嗎？」然後卡蜜兒會逼著媽媽的老闆逗自己玩。卡蜜兒後來得到公共教育碩士學位，她首間任職的公司便是從事後備托兒，正如她所說「繞一大圈又是托兒服務」。

「在比較早期的電視訪問，看到賴瑞佩吉（Larry Page）和謝爾蓋布林（Sergey Brin）坐在彈力球上彈來彈去接受採訪。我就對著電視大笑說：『等他們老到可以生孩子的時候，那家公司就會有育兒服務。』我還把這件事寫在日記裡。」谷歌創始人的這次電視採訪讓卡蜜兒記憶猶新。日後，由於卡蜜兒在日本一家國際公司開設育兒中心的工作簽證即將到期，她便上網搜尋到谷歌正在招聘一百名老師。「他們已經決定開設育兒中心，未來真的被我說中了！所以我申請了這份職務，就這麼開始進入科技圈。」

蘿拉肯朵爾（Laura Kendall），行銷 Marketing

蘿拉就讀威斯康辛大學麥迪森分校（University of Wisconsin–Madison）的商學院，也擁有西班牙語研究文憑，並在大三時前往西班牙塞維亞（Sevilla）海外留學。蘿拉主修市場行銷，這也是她目前的工作領域。

「小時候想要成為營養師或大型動物獸醫，也想要從事與電腦相關的工作。我在威斯康辛州的酪農場長大，非常早就開始接觸資料庫，我幫助父親將農場的資料登錄到畜牧管理系統，這件事也發展成我對資料分析的喜愛，也喜歡這些資料分析結果為生活帶來的建設性洞見。不過我也很喜歡身邊圍繞牛群的感覺，深深著迷於豐富的生命力，特別是獸醫來訪時，我可以光明正大詢問他各種問題。隨著我日漸成長，透過大學課程更了解世界後，我意識到自己想從事商業相關職業，因為我覺得這更能產生影響力。在這世界上具有說服力與影響力的職業，我想市場行銷似乎是最適合的。」

吉兒蘇荷馬契（Jill Szuchmacher），運營副總 VP Operations

吉兒畢業後在電視台工作。「我們負責實驗性多媒體及大規模的工作，必須控制影像、燈光與聲音。」吉兒擁有一家戲劇公司，當中各項目都有獨立系統操作，例如影片或DVD播放。「在一場規模小但複雜度極高的演出中，我擔任舞台監督的職位，需調整安排所有設備，為此我們安裝了一台機器控管，結果這部機器在演出過程中故障了。」事故發生後，吉兒只好改為手動調整設備系統，而在演出結束時她崩潰了。「那時是1998年，我說了這一段話：『這件事一定能用電腦處理得更好。』」後來，吉兒開設了軟體公司來處理這類需求，而在她加入另一家科技公司從事業務開發之前，吉兒帶領自己的公司度過創業階段。

大膽的行動 Bold moves

有些女性為了進入科技領域的積極行動，令我深刻印象，例如：向各公司廣發自己的履歷、大膽毛遂自薦或是跳入未知的工作領域等等，許多女性憑著自己的膽識、冒險精神與魄力來得到科技圈的工作。我認為自己也差不多是這樣，畢竟我確實說服自己轉行進入第一份科技業工作，接著又搬到美國的另一側，只為加入一間新創公司。為什麼大膽行動非常重要呢？我們將在「神奇工具箱」篇章裡，進一步討論這個問題。

卡萊拉佛伊（Caragh Lavoie），人員招募經理 Staffing Manager

「我搬到加州聖地牙哥，要和高中朋友一起休息一年。我把履歷表寄給在聖地牙哥維拉諾瓦大學（Villanova University）的所有校友，當中有位總裁，他擁有一家小型獵才公司。後來他雇用我，我便從那時從事人員招募工作。我的早期職業生涯，大部分期間都是在醫療保健行業擔任人員招募經理，接著我開始在一家大型製藥公司先靈葆雅（Schering Plough）工作。」

克莉絲坦摩瑞西絲德（Kristen Morrisey Thiede），新創公司人事長暨業務開發長 chief people and business development officer at a startup

克莉絲坦就讀位於田納西州的一所大學，她最初夢想成為一名律師。大學期間，克莉絲坦曾在電視台的廣告部實習，「大學畢業後，我在廣告公司工作，負責媒體購買，也就是像電視、廣播或是棒球場那樣的廣告。」

有間供應商將她引薦給一家線上行銷公司，將克莉絲坦帶往下一份職務：網路媒體購買——客戶對象包括谷歌。每次克莉絲坦聯絡這些媒體購買廣告時，她都驚訝這些媒體怎麼一直不斷增加他們的團隊員工。「最後，我在第三次與他們團隊交談時，我就說：『如果你們雇用了這些人，應該也要雇用我。』」

她從亞特蘭大趕去面試。「我飛到紐約，接受十次面試，結果我沒有拿到那份工作。兩三個月後，他們打電話跟我說：『嘿，你對這份工作還有興趣嗎？』我說：『是的。』他們又讓我飛往紐約，又接受十次面試，飛回家後我打電話詢問：『我得到這份工作了嗎？』他們說：『你沒有得到這份工作。』兩三個月後，我又打電話給他們：『你們找到人了嗎？』他們說：『還沒，你還有興趣嗎？』我說：『是的，我真的很感興趣。』於是我帶著PowerPoint簡報出現，介紹自己如何進行工作，以及為何谷歌少了我就無法生存，後來他們雇用了我。」

希拉蕊法蘭克（Hillary Frank），風險投資與私募股權投資公司社群行銷主管 head of marketing and community at a venture capital and private equity company

希拉蕊在亞利桑那大學的農學院（School of Agriculture at the University of Arizona）修習零售與消費者研究。「我喜歡有關消費的行業。『當你點進線上商店，這代表著什麼？』這種概念在我就學階段才剛出現。我畢業於1998年，那時電子商務正處萌芽階段。」

希拉蕊決定勇敢跨出舒適圈，離開她的出生地亞利桑那州。當時她尚未考慮加入科技公司，「我不是科技圈的技術性人才，我也不了解。那時的我認為至少要是編碼員才能在科技業工作。」後來，希拉蕊找到一份在灣區公司總部的工作，並希望隨著時間自己能有所發展。希拉蕊後續又轉調支援科技公司的招聘職務，甚至加入了新創公司，主要負責客戶服務。因為希拉蕊在新創公司的卓越表現，所以讓她獲得谷歌的工作機會，但是否要跳槽對希拉蕊來說是個困難的抉擇，「但我知道谷歌將完全改變我的職涯進程，我對這份工作機會永遠心存感激。」

蒂伊莎史密斯（Tieisha Smith），副總裁、區域技術經理 VP, Regional Technology Manager

蒂伊莎已在科技業任職20多年，她一路摸索「如何找到自己的定位」。蒂伊莎最初主修電腦科學，但卻發現自己「缺乏熱情」，於是她轉為攻讀市場行銷，又修習高科技管理企管碩士。身為學霸，蒂伊莎的職業生涯始於技術支援，後轉為應用程式測試支援，之後又嘗試業務分析師。當蒂伊莎的職位轉為外包後，她加入了威達信集團（Marsh & McLennan），最初負責支援工作，後轉為人事管理職務。現在蒂伊莎已在威達信工作16年，享受不同領域的工作機會、跟不同子公司合作，並成為變革管理的專家。蒂伊莎在職業生涯中不停探索，獲得不同的機會發展，目前的她正擔任區域技術經理，同時管理亞利桑那州與加州。

鼓舞 The inspiration

在這本書裡，關於「在對的時機，遇到對的人，能讓職涯發生變化」，我對這一事一直感到驚奇。無論是透過輔導、指導或是成功者的經驗分享，我們職涯的形成可能來自於我們所遇到的人。在「冠軍們」篇章中，我將以更多篇幅討論這個問題，讀者可以透過以下段落先行了解。

潔西卡泰勒（Jessica Taylor），行銷與新創公司創始人 Marketing and Start-Up Founder

潔西卡在維吉尼亞大學主修英語和法語。在一間經營不善的新創公司工作七年後，她決定攻讀商學院。潔西卡預先計畫選擇就讀威廉與瑪麗學院（College of William & Mary），因為當時已有個兩歲孩子，不想為讀書承擔債務。「我必須在地區性學校獲得企業管理碩士學位，然後可能在里士滿（Richmond）工作並住在那裡，這樣距離在夏洛特維爾（Charlottesville）的家人很近。」

在以全國女性企業管理碩士協會主席身分參加會議後，潔西卡的命運改變了，「那時是2006年，金史考特（Kim Scot）是個重點演講者之一……那裡是一所教堂，大約有一千名女性在那裡，我猜金史考特的父母也在那裡，這些在當時是滿不得了的事。當天金史考特提出了相當迷人的女權主義演說，我超級喜歡，也超愛她的風格。」那時金史考特在谷歌的AdSense出版團隊工作，於是潔西卡寫了封電子郵件。「這件事滿荒唐的，我寫了一段內容：『如果要找一位勇敢頑強的女企管碩士，那就是我。』然後附上我在威廉與瑪麗學院的簡歷。」幾個星期後，潔西卡接到谷歌人員招募部門的電話。

貝兒薇亞夏普（Belvia Sharp），執行業務合夥人 Executive Business Partner

貝兒薇亞總是跟大家說：「我並非典型的技術人員。我生長於美國中產階級，卻沒有上過名校，也沒有進入常春藤聯盟大學的興致，然後……」貝兒薇亞因受到高中家政老師的鼓勵，時裝設計變成了她的第一項愛好。「如果沒有這些，那我八成會變成高中輟學生，因為我討厭學校。」貝兒薇亞的祖母教會她縫紉，所以老師認為她具備縫紉能力，應該去上時裝設計學校，但她母親卻持相反看法。「我母親在吉姆克勞（Jim Crow）時代長大，一切都是『黑白』分明，她的看法向來是黑人不能這樣，黑人不能那樣，或是你得去當公務員，才能擁有穩定工作。」

貝兒薇亞仍然決定去念時裝設計學校，她也開始在Britex織品公司工作，負責婚禮商品部門，但是貝兒薇亞卻不喜歡這項工作。「我喜歡為人縫製衣服，但我不想再從事零售業了，在那裡工作只是因為我得繼續學業，但是後來我有了兒子。」貝兒薇亞結婚了，家中有孩子要養。1992年夏天，貝兒薇亞意識到自己不想繼續待在Britex工作，但她的丈夫認為家中需要這筆收入，於是貝兒薇亞在一邊通勤一邊說要辭職的一個月之後，「有天上車時，我向我先生說：『我辭職了，工作日剩兩週』。」

貝兒薇亞的丈夫正在學習DOS（IBM個人電腦的作業系統），但貝兒薇亞對電腦興趣缺缺，這對她來說相當「陌生」，但她先生一直反覆勸說，於是貝兒薇亞前往加州聖馬特奧的一家臨時工作機構報名，表示她願意做任何事情、努力工作並且認真學習。「那天是星期三。到星期四時，聯絡窗口打電話給我：『我幫你找到工作了，那裡有位員工要去度假，公司說他們會培訓你，工作期間只有兩個星期。』我就這樣進入電子領域。」

莎拉米莉根（Sarah Milligan），通訊經理 Communications Manager

莎拉擁有內華達大學（University of Nevada）新聞學學士學位，並輔修刑事司法。莎拉說自己的科技職涯是偶然開始的，「當時在小型諮詢公司擔任溝通專員，我的經理拉我到一旁，對我說『妳有很大潛力，但這是一家小公司，妳沒有成長空間』之類的話。經理的妻子是當時微軟公司的幕僚長，正在為美洲營運尋找管理行政溝通的約聘員工，那時我23歲，並且剛生完孩子。」雖然是有風險的約聘職位，但薪資是在諮詢公司收入的兩倍，儘管莎拉覺得自己的資歷和才能不足，但她最後還是成功勝任這個職位。

溫蒂贊儂（Wendy Zenone），安全工程 Security Engineering

在母親陪伴下長大的溫蒂，以為會跟媽媽一樣成為家庭主婦，但她後來意識到這不是自己想要的生活。溫蒂沒有上過大學，「我回到學校，考取美容師執照，那時候我25歲，已經有個兒子。」溫蒂以為自己會就這樣當一輩子的美容師，但這份工作沒辦法維持生計。後來，溫蒂申請大學，獲得獎助學金並修習傳播課程，由導師指導的實習機會，為溫蒂帶來第一份全職公關工作，她透過在臉書的初級廣告工作，過渡進入技術領域，也開始對資訊安全產生興趣。溫蒂向一位同業女同事尋求幫忙，這位女同事的經驗分享為她帶來啟發，因此溫蒂也繼續尋求社交媒體與傳播職缺。之後在雇主的支持下，溫蒂申請了Hackbright Academy——一項為期十週且限女性參加的軟體工程課程，這個課程涵蓋了成為全端軟體工程師所需的技術才能。最終，這個經驗帶領溫蒂獲得目前在Netflix資訊安全工程的職務。

為何選擇科技業？ Why tech?

儘管人與人之間都存在著差異性，但科技圈的女性在某些方面極為相似。在採訪中，我詢問各個女性為什麼喜歡在科技圈工作，她們的回答像是排練過一樣，幾乎都提出相似的看法：喜歡創新的速度、改變世界的能力與影響力、職涯中遇到的機會與人們。這麼相似的答案，難道是都被洗腦了嗎？有可能，但我認為這更可能是自我選擇。這些女性們出於這些原因而選擇走入科技，也是出於這些原因選擇留下，就算是遇到掙扎的時候，也是一樣。

對速度的熱愛 The Love of Speed

不要誤會我的意思，我喜歡穩定。在谷歌的第一份工作待了十年，而其他人通常每二到三年就會換一次工作。雖然我待了這麼久，但在工作上總有新穎且有趣的問題層出不窮並且需要解決。和我聊過的許多女子也都有類似的感受，下面引述自訪談中的內容，表示她們也深有同感。

「我很喜歡我們工作步調這麼迅速。每天感覺都很新鮮，有新的問題要去解決，總覺得我們正在解決前所未有的大挑戰。」

「總是會有必須處理的事，也總是會發生有趣的事，而不是日復一日的重複。事實上只要願意，你可以在六個月內選擇做完全不同的事，或是接觸完全不同的事物……這很著迷又令人興奮，但也有點可怕。」

「我喜歡工程，喜歡解決問題，這些就是我的能量來源……我們不停成長和變化，我能夠多次重塑我的職涯發展，而且總有新問題需要解決。」

時代持續變化 Times Are Changing

科技與時代的變化速度並駕齊驅。科技處於隨時在改變的狀態，這可能源於它最初的研究起源，而且科技對於各種想法的積極討論及創新也都抱持開放態度。這不僅適用於技術層面，也適用於商業流程與規範。

「不知道我是否會在某個地方做得很好，可能每天都要領導配置團隊之類的……我不用去思考該如何擁有一支更具指標性的員工隊伍，只要負責招聘人員，或是考慮內部人員流動，或者想著要如何瞭解我們的內部人才。所以我喜歡在這裡，我們可以自由提出問題，並期待能做得更好。」

「我在這裡待了很久，我覺得這裡一直在變化，不論變化的數量和變化的速度都是，而且這種變化很吸引人。身為一個不喜歡無聊的人，科技圈是我最理想的棲身之處……當接下這份工作時，我認為這不僅是一間公司，同時也是一個小型宇宙，因為只要成功了，公司就會成長，甚至超過我的假設或想像。」

改變世界的機會 The Chance to Change the World

「改變世界」是吸引不同類型的人進入科技領域的重要動力。無論擔任什麼角色，部分女性都提到她們感受到幫助世界的力量，並且希望能夠實踐。

林雪莉（Sherry Lin）在喬治城大學（Georgetown）主修經濟，她稱經濟學為「迷途學子的主修」，她只知道自己想多認識這個世界。2010年雪莉畢業時，景氣正值經濟衰退期，工作機會有限，她想做些「完全脫離正軌的事」，於是搬到了香港，又去了緬甸。

雪莉在緬甸生活兩年，那段時間裡她看見這個國家的快速變化，「以前SIM卡是一張八百美元。我搬到那裡時，我的公司還得為我墊付現金。在拿到SIM卡後，也沒有可以撥打電話的對象，因為我的朋友都沒有八百美元來買SIM卡。待在緬甸的那段期間，當地政府批准了兩家跨國公司和電信公司的合作，電話卡的價格在一夜之間大幅下降，原是八百美元，驟降成五美元，每個人都開始購買人生裡的第一張SIM卡。」雪莉甚至還看見鄰居第一次瀏覽YouTube影片，這件事也改變了雪莉的方向：「當時我在一間社會企業中與農民合作。為了幫助緬甸，我一直很努力工作，想發揮一定的影響力，但SIM卡這項小小的技術所造成的衝擊讓我相形見絀。」在這個領悟之後，雪莉辭去工作並搬到灣區，找到一份在科技圈擔任物流的工作。

世界快速變化之際，莎拉（Sara W）思考著我們可以如何幫助世界，想著該怎麼做才能影響文化轉型，創造更多美好並且減少世界醜惡。「在過去二、三十年間，無論好壞，科技所成就的一切真的很有趣，例如資訊如何傳播、如何造成文化轉型等等，但另一面向就是在進行文化轉型時，會面對到的問題，畢竟當事物發展更加快速的時候，真的很難跟上腳步。」莎拉身兼作家與科技圈員工，對於從工作視角去說故事很感興趣。「我們講述的故事是關乎我們是誰，以及我們是如何思考。我們所用的詞彙變化得更快，像是在公共場合談論的事物一樣，可以在一夜之間發生變化。假如藍黑白金洋裝事件發生的那天，沒有上推特（Twitter），就會完全錯過這個話題，而且再也看不到它。」人們改變接收資訊的速度與強度，讓莎拉好奇不已。「這些問題對我來說真的很有趣，但我們同樣需要思考的是，無法適應這種變化速度的人，要如何幫助他們去摸索這個世界。」

文化與人類 The Culture and People

多年來，我明白一件事：一起工作的人們對自己的影響，比實際的工作內容來得多。我常說文化就是我們每天所做的事情。換句話說，指的是我們如何對待彼此、我們所說的話以及我們每天堅持不懈進行的事，這些構成了我們所認為的文化。許多女性認為科技業的公司文化是開放、真實而且有智慧的，這也是吸引她們進入科技業的主要原因之一。

卡蜜（Camie）被科技圈的菁英制度氛圍所吸引。她曾在醫院擔任志工，見識過頗為傳統的階級制度環境，所以卡蜜深受科技文化鼓舞。「在設計產品時擁有發言權，而且科技圈似乎沒有醫院裡那種討人厭的階級制度。」

塔奇拉（Tequila）喜歡科技圈中開放的文化。「有些人會穿著拖鞋和短褲出現，有些是穿著牛仔褲和可愛上衣，無論穿什麼都可以，你可以非常真實表現自己。」塔奇拉喜歡這種人們可以真實做自己的風氣。「我喜歡大家可以展示自己自然的一面，而且不太會有人指指點點。」

另一位長期在科技圈工作的員工表示：「在這裡可以遇到極其聰明的人。假如在別的公司，甚至在不同行業，我無法擁有這種工作節奏和智力挑戰，也不會跟能力優秀的人才合作，直到今天我都很喜歡這種生活。」

實際因素 Practicality Rules

有些人對科技圈的嚮往是因為實際因素，這尤其與個人財務狀況、目標相關。由於科技業在過去幾十年間的蓬勃發展，女性可能會因為一些實際因素被吸引進來，比如工作機會、靈活性、相對高薪以及福利等等。我們不應該否定這些因素或是認為膚淺。人們在不同背景下造就的多樣性，同時也是我們聘用與保留人才的實際考慮因素。

「我曾經在一間非營利組織任職，在那裡遇到我現在的公司，他們只是租了一天的場地來舉行野餐會，花費大概一萬五千到兩萬美元。於是就在那天，從副總裁職位到經理職位，我申請了他們公司開出的所有職缺。」

「我很喜歡那間公司，欣賞他們的機動性和彈性。當我在考慮自己的未來，以及思考為什麼離開科技圈會感到猶豫時，就發現我仍是非常受科技圈的靈活文化所吸引，至少我自己及大多數同齡人都是這樣的感覺。在這個圈子可以遠距工作，若有需要可以離開辦公室，而非硬性規定的朝九晚五、穿著正式服裝上班的環境。」

「這裡有很多機會、很多工作，因為很多公司都在積極爭取人才。工作讓我可以擁有不錯的生活，我很少因為家庭生計而擔心……我認為這是一種真正的奢侈。如果你已經來到對的位置，那麼我認為實現財富自由，在職場上的好運必是其中的因素之一。」

成為歷史的一部分 Being Part of History

關於影響與改變世界這個主題，似乎也與女性在歷史上所扮演的角色有關——女性、科技與世界的歷史。

談到這一點，莉絲（Reese）的語氣非常堅定：「我覺得自己就是歷史的一部分，甚至對我的女兒也這麼說——想想看，世上第一個網域名稱是在1985年註冊的，我們正處於這個技術迅速變革的時期，我認為自己能夠成為其中一部分是非常不得了，所以我確實覺得自己就是活生生的歷史，我的女兒們有一天會說：『哇！我媽媽是科技革命的一部分耶！』母親們能夠成為這段歷史中的一部分並且讓孩子們看見，是非常了不起的事。」

莉絲指出這一點很重要，尤其對於正在科技中努力尋找世界定位的人們。「這是一個奇妙的機會，既能活在歷史中，又不知道歷史將如何發展，所以我們對生活『盡力而為』也是歷史的一部分。現在我們正在面對科技出乎預料的反擊，但是我們仍努力盡自己所能，這些『試著做對的事』的過程也都將納入歷史，我認為這件事真的非常棒。」

無論我們的背景如何，來到科技圈的原因為何，一旦走進科技圈，我們就會開始懷疑自己。我要以自己的故事作為下一章的開場，之後的每一章也會如此。我會述說我如何接受自己是誰，以及為何在科技圈裡需要做自己，帶著真實的我進入工作並且被人接納——以上屬於「包容」的重要層面。

1-2 好好做自己

You Have to Be You

——接納自我、帶著真我進入工作，並且要在科技業中找到「歸屬感」

需要我來做自己 Needing me to be me

2013年我參加了谷歌為女性主管舉辦的一場訓練，有點像是休息旅行和研習的融合體，活動目標是要幫助女性在面臨特殊挑戰時，仍維持高度的工作效率。為什麼我們要關注這件事呢？有一項調查顯示，高階職位女性的幸福指數特別低分，而且科技產業[11]和非科技產業的整體職業倦怠的調查數據，都顯示女性的職業倦怠率遠高於男性。[12]這場訓練活動在舒適的渡假村舉行，享受了免費按摩服務，我覺得自己完全是這項調查的最大獲利者！

這場訓練來得正是時候。雖然在職場中獲得成功，但我依然活在各種內心的拉扯之中。我已是個主管，帶領著一支團隊，但同時養育兩個孩子，我的問題是「我應該扮演哪個角色？」當我看著我的同事們，這些男女主管的共同點都是專注於商業成功指標或產品銷售成果，假如我隨意丟一顆石頭，被打到的人不是要跟我辯論圖表內容，不然就是對數據字字挑剔。坦白說，我已經厭倦了這類會議，我愛的是在工作中如何激勵別人、如何建造優秀團隊和打造員工幸福感，是我來錯地方了嗎？還是我該跟別人一樣把注意力放在其他方面？

---

11 Kelly, Mairead，「科技業的倦怠：哪些公司的情況最嚴重」，Noodle，2019年12月10日。https://www.noodle.com/articles/tech-industry-burnout-which-companieshave-it-worst

12 Templeton, Kim and Carol Bernstein, Lois Nora, Helen Burstin, Constance Guille, Lorna Lynn, Margaret Schwarze, Neil Busis, Connie Newman，「根據性別的職業倦怠差異：女醫生所面臨的問題」，國家醫學學院，2019年5月30日。https://nam.edu/Gender-based-differences-in-burnout-issues-faced by-women-physicians/

女性主管們在訓練期間聚集在一起，並以領袖身分發言。我聆聽到許多女性在職場中遇到的問題和內心的掙扎，大部分問題的核心其實都是「人的問題」。商業或科技領域專業的同事在這方面不見得幫得上忙，反而能夠派上用場的是傾聽與引導的能力，像是谷歌也愈來愈需要處理關於領導大型團隊的問題，這一點在谷歌公司日漸壯大的過程中也被印證出來。「原來如此，我得做自己，谷歌也需要我來做自己。」這個認知引導我開始成為人際導向的領袖，並帶領我處理工作與決策，甚至是私人方面的抉擇，像是職涯方向等等。了解並擁抱自己雖然困難，但非常重要，這點在「神奇工具箱」篇章裡將會深入探討。

為何歸屬感很重要呢？在商業脈絡中這個詞彙是近五年間才出現，但在心理學中「歸屬感」一詞已被研究了數十年。1943年文獻指出，人本主義心理學家亞伯拉罕馬斯洛（Abraham Maslow）將「歸屬感」與「愛」置於人類需求層次金字塔的中央，亞伯拉罕的研究反映了人類對接納與關係的需求，若是這項需求沒有被滿足，可能導致孤獨感、焦慮與沮喪[13]。我自己通常會避開這些詞彙，因為對於簡單的概念被加上過於激昂的言語包裝這件事，總覺得不以為然，但我發現自己可以接受「歸屬感」這個詞彙，因為它確實是許多人無法發光發熱的原因，畢竟若是我們所做的一切，無法讓我們感到有所歸屬，我們當然無法成功。每當想到好點子時，卻先懷疑是否能夠暢所欲言；每當不認同時，卻擔心表達真實想法的後果。這些種種累積下來，導致我們無法做自己，無法發揮才能。

讓我給你一個建議吧！**「你得做自己，世界也需要你做自己。」**無論是你的個人野心或是你所專注的事，讓心裡的聲音主導自己，而非按照外界的定義來行動。在科技圈裡，我們需要豐富的多樣性來為世界打造一流的產品與服務，不要讓任何人跟你說，你要像別人一樣。

---

13 Cherry, Kendra，「馬斯洛需求五層次」，Verywell Mind，2019年12月3日。https://www.verywellmind.com/what-is-maslows-hierarchy-of-needs-4136760

描述自己 Describe yourself

準備的訪問題目中，有題完全是基於我個人好奇心：「你會用哪五個詞描述自己？」我對於女子們如何看待自己這件事感到好奇，我們是否會以傳統女性詞彙給自己貼上標籤？例如看重同理心與照顧別人的能力。在科技圈工作的我們，又是否給自己貼上科技人才的標籤？我當然也會為我所認識的每個獨特女性貼上不同標籤，但卻沒有直接問過這些女子，現在機會來了。

然而，我立刻發現一個問題：這個提問會讓她們感到不舒服，所以我在提問前先聲明：「我覺得這是個有趣的問題，但是大家被問到的時候都很緊張。」這麼說之後會讓人比較放鬆，可是為什麼描述自己會令我們惶恐呢？根據與這些女子的對話，再加上我自己的猜測，有些狀況值得探討。

首先，我們都不太能夠把自己視為可被分類的物品。許多女子會反問我，指的是在家中還是在職場？因為女子對環境的感受隨時在變，因此大家需要花力氣來定義某時某地的自己。例如：「我覺得這個問題很難耶！天啊！這是指某種特定的工作情境，還是只是一般的『我認為自己是誰？』因為有時候在工作場合扮演的是不同的自己。」另一位女子說：「我真的很不擅長這種事耶！我覺得我的形象會根據我所處的情況不斷改變，所以很難用一些客觀字句形容自己，因為任何狀態都不容易維持六分鐘以上。」

我們給別人貼上標籤時，大腦就會把世界的事物一一分類，以我們能夠理解的模式來歸納。無論是正面或負面，我們有時會抗拒加諸於我們身上的各種標籤[14]，像是有些女性對於讚美自己格外彆扭，不太希望被看作自吹自擂或是本位主義，於是在這種情況下，女子們會開始尋找貼近她們的謙遜詞彙。一位女子問說：「大家都怎麼描述自己？我覺得那不就是吹捧自己嗎？我才不要咧！」

---

14 The World Counts. n.d.，「標籤理論心理學是什麼」，瀏覽於2020年5月28日。https://www.theworldcounts.com/happiness/what-is-labeling-theory-psychology。

但我發現，有些女性如果能花一個小時練習，似乎就會對這件事自在些，畢竟需要一下子列出關於自己的事，還要讓人寫進書裡，恐怕過於隨性輕率。我通常會讓訪談者知道，我不太在書中各別列出她們的描述內容，而是作為一種統整觀察來使用她們的訪談內容。儘管如此，大多數的女性仍然會去解釋她們形容自己的詞彙，對可能造成誤解的形容加上解釋。由耶魯大學康妮摩斯萊庫森（Corinne Moss-Racusin）進行的研究，顯示了以上這些皆是經過訓練的行為。研究中聚焦於女性面對刻板印象的行動壓力，而在訪問中所看到的壓力是「必須謙遜」。這項研究實驗是進行虛假的工作面試，邀請男性與女性應徵者前來，在面試時必須談論自己的成功經驗，男性在這方面的能力較女性來得優秀，女性會傾向將功勞歸給團體，或是為自己的成就加上一些負面描述，像是：「我一開始覺得很難。」我們很希望女性可以坦然接受讚美，但她們大方接受卻要面臨負面後果。根據摩斯萊庫森的研究，在真實的情況中，大方接受誇獎的女性多半會被認為喜歡吹捧自己而不太討喜，導致在升遷或加薪的競爭中被忽視[15]。

這種影響若僅限於表面描述，那也就罷了，但它卻衝擊著內在自信，並導致職涯與生活中的負面後果。哈佛商學院（Harvard Business School）以及賓州大學華頓商學院（Wharton School at the University of Pennsylvania）的研究都顯示了這項結果。

研究邀請九百位受試者，接受美國軍隊職業傾向測驗（US Armed Services Vocational Aptitude Battery），必須回答二十題評估受試者是否具有加入美軍資格的測驗。完成測驗後，受試者必須推測自己答對題數，並為自己的整體表現以0-100評分。實驗結果表示，在男女測試表現同樣優秀時，女性平均認為自己的表現分數是46分，男性平均認為自己的表現分數是61分，兩者相差15分。相較於男性，女性傾向給自己較低評價，無論從何種角度

15 Walter, Ekaterina，「自誇的權利：女性為何不自我讚美？如何做到這一點？」，《赫芬頓郵報》，2012年10月22日。https://www.huffpost.com/entry/bragging_b_2001545

來看，結果都是如此，就連面對潛在雇主時也是[16]。儘管還有各種複雜的影響因素，但女性能夠看見、擁抱自己的成功告訴大家是很重要的，如此我們才會知道自己有多棒，別人也才會看見並承認女性的才能，所以我們要打破「預設模式」。在本書之後的文字中，我會提及更多相關內容。

關於這些女子們的描述詞彙，我並不感到訝異，最常見的詞彙是**好奇心**（14次）以及**積極**（10次）。在這個努力追求成功的產業中，正是她們的好奇心與努力的特質帶領她們進入科技圈的路。另外，受訪女性也使用了其他詞彙，例如努力工作、熱情洋溢以及充滿活力。「正向積極」的相關主題也出現了23次，包括像是正面、快樂、樂觀以及有趣。

當然很多詞彙是我們可以從女性以人際導向的文化裡看見的（主要是美國文化），類似的用字包括了**具同理心**（9次）以及**關懷他人**（9次），或是其他相關的詞彙，例如忠誠、可靠、專心一致、靈活、平穩、堅持不懈以及樂於助人。我們認為這些字彙與女性特質有關，這些字與照顧他人、付出以及耐心有明顯的連結[17]。而根據《哈佛商業評論》（Harvard Business Review）的文章「如何描述男性求職者和女性求職者的差異」[18]內容，以上這些字詞的隱藏貶義即是「受到低估」或是「被視為軟弱」，許多女性也認為這些用字有好有壞。

在尊重個別差異的文化中，我們也使用經常與男性特質連結的用字來形容女性，而其中**野心**（7次）是最常出現的字，伴隨的相關用字還有直接、善

---

16 Geall, Lauren，「研究指出：女性傾向弱化自己的職場成就」，Stylist，2019年11月。https://www.stylist.co.uk/life/careers/male-vs-female-employees-rate-performance-at-workimposter-syndrome-study/310343

17 Pennycooke, Makeda. n.d.，「男性化與女性化領導」，2020年5月31日。https://makedapennycooke.com/masculine-vs-feminine-leadership/
青年之聲，「男性氣質與女性氣質」，2019年8月20日。https://www.voicesofyouth.org/blog/masculinity-and-femininity。

18 Hebl, Mikki與Christine L. Nittrouer，Abigail R. Corrington，Juan M. Madera，「如何描述男性求職者和女性求職者的差異」，《哈佛商業評論》，2018年9月17日。https://hbr.org/2018/09/how-we-describe-male-and-female-job-applicants-differently。

於分析、果斷以及勇敢無懼。有時女子們使用這些詞彙時，會搭配較負面的用字，例如固執、缺乏耐心、好鬥以及一些用以形容自我中心的詞彙。《哈佛商業評論》的文章也注意到此一現象，通常女子展現出與男性連結的個人特質時，經常會被貼上這類負面標籤。

有什麼用字是我認為會出現，但是卻沒有的呢？我確實有因為一些字彙完全沒被提及而覺得訝異，這些詞包括自信、堅定以及堅強，因為當我聽完女子們的故事後，我會想要用這些字來形容她們。或許已經以相似詞的形態出現，像是好鬥，但我預想是使用正面意義的用字。我把這個現象歸咎於女子不想被別人覺得是自吹自擂或自誇，但是她們當然可以自誇，因為她們都這麼優秀。不過女子們對自己的負面形容大多是以自我省察的方式，而非絕對的貶義，這點令我感到開心。當女子們提到負面標籤時，她們更專注於自己能夠如何成長，並不是直接把自己貶低，[19]女子們會反思自己為何需要改進，而非對所有評價都盲從相信。

值得注意的是，少數幾位使用的獨特詞彙，卻可以在許多人身上看見。我個人最中意的用字包括老靈魂、諷刺、弄假成真、初期表現不佳者、為弱勢者挺身而出、擁有希望的厭世者。我經常覺得這些非典型的描述適用於我，因為這些字句說出了我們每個人的獨特之處。就算我們有共通點，但每個人仍然是獨特的，這樣的我們帶著自己的特質成為科技圈的一部分，無法以三言兩語歸納總結。

為何大費周章從所有訪問中挑出這些字句並思考它們的意義呢？某種程度上，我所聽到的答案是否完全相同不是那麼重要，因為科技圈需要我們所有人。科技圈需要能夠關懷他人的人，也需要商業導向的人；科技圈需要有耐心的人，也需要能推動我們迅速前進的人；科技圈需要願意突破界線的人，也需要用心處理工作細節的人。不同的性格融合在一起，帶來更好的商業結果、挑戰工作環境以及邁向多元包容的世界。

---

19 Mindset Works.n.d.，「數十年的科學研究開啟一場成長型思維革命」，瀏覽於2020年5月31日。https://www.mindsetworks.com/science/

除了這些詞彙以外，我也從訪談中挑選了一些做自己且在職場中保有獨特背景與才華的重要故事。

歷史的衝擊 History's impact

獨特背景與個性如何影響我們的職涯呢？艾美（Amy）形容自己是科技世界裡的非科技人才，當她懷疑自己能為科技圈貢獻什麼時，她想起了自己的父親。「我父親成長於台灣農場，在九個孩子中排行第七，窮困又營養不良。」但艾美的父親卻在美國擁有數學與電腦科學博士學位。「我也生於這樣困頓的農場，但是因為父母所做的選擇，讓我能夠來到另個國家，真是不可思議！他們不懂英文，對美國一無所知，卻在這裡成家立業。」艾美沒有深造科技領域，但卻走入了科技世界。「我覺得這就是老爸做的事，他一直想教會我帕斯卡定律，真的好煩。不過我的管理能力可以為這個領域帶來貢獻，因為我能夠理解應用、提出問題、引導、影響、實現成果，並帶領團隊按時產出高品質的產品，真正能夠做到這些的人並不多。」

吉妮克拉克（Ginny Clarke）擔任徵才主管，並兼任領導徵才主任。身為黑人女性，要不是吉妮聽從內心的聲音，她絕不會加入科技業。吉妮擔任徵才主管數年之後，她撰寫了一本書，告訴人們要主導自己的職涯。那時吉妮想要在職場中，成為像蘇西歐曼（Suze Orman）一樣的知名財務顧問，但這件事所代表的一切開始令她掙扎，吉妮意識到這或許不是她該選擇的道路。「我的母親是來自阿拉巴馬州塔斯克基（Tuskegee）的女性。我的舅舅是塔斯克基飛行員。我的外公是黑奴的孩子，他來到塔斯克基，在那裡接受教育，然後把六個孩子拉拔長大。」吉妮的母親擁有如此成功、值得驕傲、奮發努力的背景，吉妮母親還決定搬到威斯康辛，在那裡攻讀碩士學位並成為物理治療師。這些都為吉妮的成長過程帶來影響，而其中關鍵信念則是謙卑，這些信念已經潛移默化在吉妮的生活。

雖然謙卑信念似乎拖住了吉妮，但母親教導所帶來的影響也同時引領吉妮前進，「檢視他人對自己的影響力，以及在心裡潛移默化的信念是件有趣的事，這些事物默默在我的生命中根深柢固，用我沒有意識到的方式困住我自己。我不會怪罪母親，但在努力瞭解自己的內在世界後，我比較意識到這些限制的存在了。」最終，吉妮的個人旅程為她開啟了進入科技圈的機會，這是她以往沒有考慮過的路。「機會就在我眼前，我覺得『嗯，我對科技本身沒那麼有興趣，但我確實關心多樣性，如果我能夠在主管層級帶來影響，那麼就可能造成涓滴效應並且改變這個產業。』」

找到適合的角色 Finding the right role

個性與興趣在追求成功的路途上擁有重要地位。主修電腦科學的周克莉絲汀（Christine Chau）向來對人類思想與行為深感興趣，「那時很想唸心理學，但全家人都反對。」於是克莉絲汀選擇攻讀建築科系，並開始熱衷在線上遊戲中生存下來而編碼撰寫腳本。克莉絲汀發現她擁有編碼能力，所以正式開始轉系到電腦科學。

後來克莉絲汀需要正式的工作，她前往許多地方面試，尋找適合自己的位置。「高中時，母親希望我念電腦科學，但我拒絕了，因為我不想要畢業之後，還得整天坐在電腦前面。」克莉絲汀決定成為德勤管理諮詢（Deloitte Management Consulting）的系統分析師，「那時才剛有軟體工程這類工作，軟體工程師被稱為編碼員或程式設計師，相對來說沒有參與那麼完整的產品生命週期，但同時作為軟體工程師並處理管理諮詢，就可以參與軟體工程的完整生命週期。」最後，克莉絲汀的事業引領她走入計畫管理，在這個領域中，她可以在參與產品的完整週期和完成工作的過程中，平衡自己的興趣。

非科技專業的希拉芮（Hillary）則擁有角色間的平衡——關係導向與工程導向。「我認為我能理解他人，特別是工程師與科技人，他們的優點是防衛心不高。我在這方面做事的方式和他們完全相反，所以很有效。」希拉芮專注於人與人的關係上，將商品與企業經營的「人與科技」層面連結。希拉芮知道自己的技巧與觀點與他人不同，但這是好事。「如果我可以同理一位觀點完全不同的工程師，提問時讓他們不用解釋科技基礎知識而可以直接聊天，對他們來說，這情況很耳目一新，可以建立我們之間的良好關係。」

獨立性 Independence

清（Ching）在大學時期主修微生物學，這門學科「讓我徹底染上細菌恐懼症」。清在大四修了一門商業學分：創業。「這門課完全正中我的喜好，我覺得和大家一起擠在同一間房間很有趣，連同我在內的四個女生之外，班上其他人都是男生，於是我們四個女生決定組成團隊。」在這堂課中大家發想商業創意，期末報告則是必須把企劃提交給創投公司。「我們一起經歷的這些，整個改變一切。我那時已經準備要成為營養學家，還為了實現計劃而進入研究所。最後，我選擇和父母進行一場困難的溝通，目的是告訴他們：『我改變主意了。我要在一家超小的管理顧問公司待上幾年，然後我會決定是否要回來繼續成為營養師。』之後我就朝著新方向出發，也達到目標，再也沒有回頭。」

清因為工作進入紐約的製藥產業，並在那裡工作了十年，不過她漸漸開始失去工作的樂趣，「我每天都為了上班而上班，雖然表現不錯，也不斷獲得升遷，但責任也因此加重。這些都沒有讓我覺得好一點，所以我決定離職。」清提出辭呈，並在一年的休息時間裡四處旅行。到了要回歸職場的時候，清決定做出新嘗試。「我不想要再做以前做過的事，於是我就思考自己想更認識哪個領域而且又想要成為其中的一員呢？此時谷歌莫名其妙出現在我腦海中。我和一些親友聊到這件事，他們的回應都是：『你對科技根本就不了解。』但我的想法是：『雖然我一無所知，但我想要知道更多。』」

清帶著不太足夠的背景，以及抱著跨足商業圈中的工程面、避免過於繁忙工作日程的期待而來，最後獲得了行政助理職缺。「還記得當我申請這項職務時，徵才人員還對我說：『你只是想把這個職缺當成進入谷歌的墊腳石吧！你就來吧！六個月之後你就會想換工作了。』而我說：『不是的，我就是想做這個。』」

清發現自己的重要特質：固執。儘管加入谷歌成為行政人員是她決意做到的事，「這也為我的生命帶來很大的傷痛。」雖然轉換跑道是有趣的職涯轉捩點，但成為行政人員也面臨著許多質疑。「大家都覺得『你有這麼多學經歷，沒有人累積這些經驗，只是為了當個行政人員。』但我的想法是：『為什麼？行政人員的職務也有值得學習的有趣事物，不是嗎？』但大眾對於擔任一般性職務者的印象可能是不太聰明吧！」清相信自己應該繼續按照自己所希望的方式生活，「如果別人想要把期待或評價加諸於我，那也沒有問題，但我也會繼續做我要做的事。」

清持續學習，按著自己的方式成長。她換了新職務，來到更彈性的新環境，「只要能讓同事知道你對什麼感興趣，在那裡你可以按自己的方式對公司有所貢獻。」清運用這些機會，投入專案管理、分析與策略的工作。「以不同方式和許多資深領導者合作，我覺得能夠與他們發展更緊密的夥伴關係。」清充分運用這段經歷，之後進入副總裁領導的團隊，擔任幕僚長。

被擁抱並給予擁抱 Embraced and embracing

吉兒（Jill）的性少數群體人士（LGBTQ）身分幫助她定義自己。吉兒喜愛科技並覺得被支持的原因之一，是因為科技圈非常「友善酷兒」，吉兒不太覺得在比較傳統的產業中也有同樣的友善風氣。「作為性少數者，這種友善風氣是科技圈最棒的一點。我覺得不僅一般來說，在我個人實際的生活經驗中也是這樣，我覺得這裡擁有真正的菁英制度。」吉兒強調她並非是單打獨鬥的業務人員，不需要獨自把產品推銷到其他產業。吉兒知道每個人都擁有不同經驗，而整體來說她認為「這會是矽谷之寶，尤其是在加州，這裡接納擁有好點子的任何人。」吉兒也承認作為白人女子擁有其他種族沒有的優勢，「雖然科技讓我們以貢獻度來決定工作高度，但單就平等、包容以及處理種族不公議題而言，我們還有努力空間。」

珊卓蒙塔弗樂佩（Sandra Montalvo Leppek）一開始覺得身為科技圈裡拉丁裔女性不是件舒服的事。第一份職務開始時，她離開從小生長的美國東南方前往西雅圖，「我愈來愈覺得今日科技圈裡多樣性、包容性的擴展，就像是一切災後的重生期。在科技公司裡，我們完全可以隨心所欲做自己，因為這裡總是有包容我們的位置，所以在這之間我覺得更需要努力的是如何不讓外力改變我們。」但是珊卓認為一開始的風氣並非如此。「我剛來這裡上班時，辦公室裡充斥著亞裔美籍女性，我整天都在注意自己又蓬又捲的頭髮，加上我個子高、豐滿、嗓門也大。」處在一大群無暇且體面的女子之間，珊卓總感覺自己充滿缺陷。在這種格格不入的心理狀態下，「我本能地想要偽裝自己，把頭髮弄直，想要融入她們。」但後來她告訴自己，「可是這又不是妳拿到工作的原因，公司聘用妳，單純是因為妳是妳，不要這樣，不要再想這些事了。」珊卓發現接納自己正是關鍵之處，特別是我們可能是某些代表群體中的前鋒，她表示：「妳跟別人不一樣可能只是因為妳是群體中先來的那個人，我們得要做自己，才能鼓勵別人也做自己。」

塔奇拉布林森（Tequila Brinson）也在自己的職涯中發現同樣的事，她參加一項公司的輔導計畫：「這項計畫是幫助有色人種，深入挖掘生命中那些令我們感到受傷的地方，把它清理出來，並正視它、處理它。」這項輔導改變了塔奇拉的生命，無論是作為員工或黑人女性，現在她希望能夠成為別人的輔導。「這項計畫改變了我的人生，它幫助我能夠自在地展現出內心那個安靜沉默的女孩，無保留呈現自己真正的樣貌、出身，並不為此感到抱歉，也不以我的膚色、父母的出身以及他們養育我的方式為恥。我不再因為這些無法改變的事情感到恐懼。」塔奇拉現在想要切換角色，轉而去幫助他人，「我希望能輔導其他人去面對那些令他們掙扎的事，還有幫助他們脫離羞恥、脆弱、羞辱的環境，並且讓他們擁有走進那些場合的技巧和心態。」

在許多女性中，這三位女性提醒我「做自己」的重要性，以及接納妳我的差異，而非被他人同化，或是忽略彼此的獨特之處。

重新發現 Rediscovery

有時我們會忘了自己想要追求的東西，或是迷失方向。

雪倫帕克（Sharon Park）現在擁有自己的廣告代理公司，並且擔任總裁職務。她在科技圈的經歷是一趟自我發現之旅。雪倫在科技領域工作時，總覺得自己已經碰觸到目前職位的天花板。雪倫很想帶領大型銷售團隊，於是為此換了工作，但最後她卻回到前公司任職，因為和前同事一起工作比較舒服。雪倫重組了團隊，「我在銷售組中尋求另一個職位，但找不到有意義的工作，後來想想我們的增長率和招聘需求，這似乎不太合理。」雪倫甚至發現，自己的薪資比還在新人階段的男性員工低了一大截，這引發了雪倫的自我懷疑與怒氣，這樣的薪資差異是如何擴大的？

最後，雪倫思考著艱難卻極具意義的課題：對自己來說，成功是什麼？「我反覆思考成功的意義。還待在前一間公司的時候，總覺得自己深陷挫敗感，而現在我擁有的是一間小到不行的公司，卻總是充滿活力，這不是很奇怪嗎？還有連吃東西都覺得更美味了（甚至我現在還得自己煮），天空也變得更藍。」雪倫學習忽略外在的聲音：「外界對成功的定義在社會上非常具有說服力：金錢、權力、名聲、影響力、地位等——這個成功定義，無所不在地圍繞我們。」雪倫決定專注在成功對她來說的內在意義：「花時間與家人相處、能夠做我想做的事、有時間去關心身邊需要我的人、有時間發揮創意以及探索身心靈。我的內在成功核心是家庭和夥伴，他們是我工作的能量來源。」找出生活的動力就是雪倫能夠持續對生命感到興奮和快樂的秘訣。

我熱愛閱讀這些關於女性如何找到自己道路、擁抱真實自己的故事，特別是關於她們如何堅忍面對懷疑與掙扎，她們的故事提醒著那個需要記得自己夠好的我。在下一章裡，我們的旅程還會繼續，探討所有人都必須面對的老派問題：「你長大想要做什麼？」

1-3 人各有志

We Have Different Ambitions

——女子們的遭遇與出路，我們如何在科技圈中找到自己的定位

倒帶 Rewind

我小時候過得並不富裕。雖然沒挨過餓，但我不只一次在購買日用品時，因為沒有足夠的錢而必須把一些商品放回去。我還沒有遇過有人不認同我的敘述，因為在超市裡的結帳隊伍前發現沒帶夠錢，是一種眾目睽睽之下的深刻恥辱，沒有經歷過的人也能明白。我最「愛」的一刻，就是在一整排結帳隊伍後面檢視我的購物車，評估哪些東西對我更重要。這可不是一個保留冰淇淋的好時機。

在我七歲左右，我的母親帶我到一間像是塔吉特（Target）那樣的大型商場購物。當我看到小馬玩具的標價是1美元時，我知道這價格再優惠不過了！我繞著媽媽打轉求她買給我，通常玩具不在日常採購的範圍內，但或許這一次可以例外吧？雖然母親沒有拒絕1美元的商品，但我看出了她眼中的猶豫。我們到櫃台結帳時，原來標價是錯的，小馬的價格是11美元才對，而我們無法負擔這個金額。我長大後還講過幾次這個故事，大家的反應是：那間商店應該要按照自己標上的價格販售吧！對啊，他們當然應該這樣，但我們連問都沒問，就接受了這個結果，因為我們太習慣失望了，心裡早就知道這次失望也不會放過我們，幸運之神不會出手，當我還是孩子的時候就已習慣如此。

六年級那年，我獲得了學校獎學金。多年來，父母為了讓我獲得比公立學校更好的教育而支付我讀私立學校的學費，終於我也有能為家人做出貢獻的一天了。後來通過短文審查與口試後，我成為獎學金得主，那真是難得又

回味無窮的成功時刻。爸爸帶我上餐廳慶祝，那時的他是一名驕傲的父親，但他卻說：「我們這種人不太有機會遇到這種事。」爸爸沒有惡意，他只是為了生活竟能如此美好而感嘆。

我無法改寫自己的過去，因為那就是我的一部分，而過去的種種經歷將如何對我的事業產生影響，所有的一切將會讓你訝異。

快轉 Fast-forward

任職谷歌的每個時刻，大家都告訴我要更有野心。我知道這是為了激發我的自信，我在大家的眼中是能夠更上層樓的成熟領袖，甚至擁有開創公司的能力。沒有不可能的事情，只有天空是我的極限！

我每年都可以透過谷歌的績效評估來獲得同事的意見，而從我年年收到的評價中，可以看出以下模式：

「只要亞蘭娜（Alana）對未來的個人發展保持樂觀，就不太可能一直擔任一樣的職務。亞蘭娜應該需要能為她個人帶來最大滿足的職務，並選擇能夠支持自己成長的職涯道路。」

「亞蘭娜沒有意識到自己在谷歌有多資深。如果她能發現自己有多嫻熟，以及認知到以上列出的各種能力使她能夠充分擔任領袖角色，她能發揮更多。」

「我認為亞蘭娜應該要更有野心，她是少數不知道自己多有能力的人之一。我覺得她應該想得更遠大，並在她的下一項職務中提高標準。」

針對這些同事對我未來的期望，我深深感謝，但我真的沒有這麼想，感覺就像聽別人描述我從未去過的國家一樣，我們會因他們的所見讚嘆，但無法真正想像他們所說的是什麼，那些風景和建築照片也只是冒牌貨，無法取代原版。野心對我來說是遙不可及的。

野心到底是什麼？ What is the thing?

「可能性」是奢侈的，我們必須承擔得了。有些人從小的養育中就包含著企圖心，可隨處在親朋好友身上看到；其他人則需要努力偽裝，直到弄假成真。你我都只不過是一步步爬著梯子，至於梯子通向何處，對我們來說一點也不重要。

我憑著自己的努力以及正確的決定而成功，使得好運來到我的生命中。然而當我躋身更有品質的生活，卻不知道下一步是什麼，只能待在原地。我和商業世界裡人們討論的目標剛好相反，假如留在原地比較開心呢？只要不用把購物車裡的商品放回架上就很好了，出差的時候住在好旅館就很棒了，那麼我們繼續努力的動力是什麼呢？

結果，驅動我的只是「恐懼」。我喜歡安全感，我常常虧自己是小氣叔叔（註：Scrooge McDuck，迪士尼卡通中由唐老鴨扮演的小氣鬼角色），如果能讓我在鈔票池裡游泳，那就再好不過了。此生我再也不想要感受到信用卡債或學生貸款的壓力了，我先生可以作證我對金錢有一觸即發的不安感。看著同事們慢慢成為營運長或執行長，我會對他們所擁有的動力感到羨慕，而非他們所獲得的職位，因為那不是我的目標。我也喜歡精實的小團隊、有創意的處理問題方式以及團隊活動。或許有一天我也想要成立自己的公司，我所走的道路也與他們不同。有時候我怪罪自己還待在谷歌，以及相對於成為高層的同儕，我卻仍然只是總監。接著我會跟自己說：「等一下，妳不是根本不想要那些工作嗎？」

事實上，我在谷歌擁有四種不同職務，每一項都有趣得不可思議，我不僅在經濟上有所回報，還有其他的肯定，其中也包括自我滿足。雖然我的工作時常需要加班，但和一些職務相比卻也沒那麼消耗精力，因此我可以將家庭放在首位，所以別人會讚美我對生活和家庭的「平衡」。

我並不嫉妒別人的職務，但我很嫉妒他們能夠毫不費力擁有夢想與遠大志向。我是失敗者嗎？只有我是這樣嗎？

生命會帶領方向 Where life takes us

為了這本書進行訪談時，我彷彿看見了同類。有些女性的理想是成為高階管理者或是更上層樓的職位，但有不少女性尋求的事物卻無關頭銜，反而專注在學習、工作熱情、發展副業或是擁有陪伴家人的時間。我們確實需要領導階級的多樣性，而看見女性在職涯上的企圖心分布面向也十分有趣。

2015年Statista調查中，針對「你喜歡訂定自己的事業目標」這句敘述，有四成女性表示不同意或不太認同。[20]而在2015年，由PNAS發佈的另一項調查中，當被問及「目標」時，女性列出的多半是生活上的目標，例如與他人之間擁有穩定關係，或是成為有條理的人，不過仍有一小部分則是與擁有權力有關。同時，女性也認為高階職位及升遷是同樣可實現的，但對這些並沒有表現出像男性那樣多的渴望。[21]當然，事業的目標會隨著時間變動，像是會根據工作中的安全感、能夠隨心所欲的權力、工作與生活平衡的重要性等等而產生改變。[22]

這正是進退兩難之處，我們希望科技圈中有更多女性，特別是在領袖圈中，這不只是為了支持女性，更是因為研究顯示由女性領導的團隊能有更佳表現，以及不斷增加的創新。[23]但如果生命把我們帶往其他方向呢？生命又為什麼要把我們帶往其他地方呢？

---

20 Statista，「喜歡為自己訂定事業目標的女性：以2014年為主」，2015年1月31日出版，https://www.statista.com/statistics/607857/women-who-agree-withthe-statement-that-they-like-to-set-career-goals-for-themselves-in-the-us/

21 Gino, Francesca, Caroline Ashley Wilmuth, and Alison Wood Brooks，「女性認為職業發展可以實現，但不如男性那麼渴望」，《美國國家科學院院刊》(Proceedings of the National Academy of Sciences of the United States of America)，2015年。

22 Roberts, Jeff.，「『事業目標』會隨著年齡增長而變化」，拉斯姆森學院(Rasmussen College)，2014年7月31日。

23 Kemp, Leanne.，「讓女性擔任領導角色比以往任何時候都重要」，世界經濟論壇(World Economic Forum)，2020年3月3日。https://www.weforum.org/agenda/2020/03/more-women-in-leadership-shouldnt-matter-but-it-really-does/

母親身分是經常被提及的職涯障礙，數據也顯示出極端工作壓力、不友善的環境、男性主義以及薪資都是職涯發展問題。[24]那麼，想要攀上巔峰的女性該怎麼辦？職涯之路總是充滿自我懷疑的各種阻礙，例如更高的標準、較少的人脈與支持等。[25]離開科技圈的女性，她們不見得會離開職場，而是轉向其他領域的自僱工作。[26]我們將會在「留任的藝術」篇章中探討女性留下或離開科技圈的原因。

我其實也會與男性討論他們的事業，以上許多因素也是男性會遇到的狀況。商業世界中充斥如何成為領先者的討論，許多人尋找著更細膩的方式來經營事業。過去幾年，我看見許多人在事業晉升後，開始尋找更高的目標，就如大衛布魯克斯（David Brooks）於《第二座山：當世俗成就不再滿足你，你要如何為生命找到意義？》（The second mountain: The Quest for a Moral Life）中談到的，許多人達成了事業的第一階段，之後便尋找其他方向。如同布魯克斯所言：「我們最終都得面對這個問題：怎樣的人生對我來說才是最好的？我的信念是什麼？哪裡是我的歸屬？」

個人成長 Personal growth

我提出了幾個問題，來理解受訪女性目前處於職涯的哪個階段，以及她們想要尋找什麼。其中有個問題很直接：「妳現在的事業目標是什麼？」

其他問題則讓我對她們有更深刻的理解，例如：「在事業中面對過最關鍵的挑戰是什麼？」或是「妳覺得現在的職務能讓妳成長，還是只是讓妳活

---

24 Hewlett, Sylvia Ann, and Carolyn Buck Luce, Lisa J. Servon, Laura Sherbin, Peggy Shiller, Eytan Sosnovich, Karen Sumberg.，「雅典娜因素：扭轉科學、工程和技術領域的人才流失」，《哈佛商業評論》，2008年5月22日。

25 「婦女與領導力：女性具有同等資格競爭，但爬升障礙依然存在」，皮尤研究中心（Pew Research Center），2015年1月14日：31－39。

26 Bailey, Kasee.，「2020年，女性在科技領域的狀況」，Dreamhost，2020年3月6日。https://www.dreamhost.com/blog/state-of-women-in-tech/

著？為什麼？」當提出這類問題時，女子們多半會用「感覺」回答我，而非具體的內容，也就是說女性喜歡感覺自己正在學習或成長。這樣訂定的事業目標很寬廣，也有很多可能性，對工作保持熱情是強大動機，而維持熱情其中一項關鍵的促成因素就是持續學習。比起經濟目標，我的訪問對象們希望工作可以活化她們的頭腦與生活。

雅德莉安（Adrienne）不知道自己長大想要成為怎樣的人。「母親是促使我學習數學與科學的推手，這些學習最後把我帶進工程領域。」雅德莉安從事數位行銷，她的事業目標是「在個人面向上持續學習與成長。無關乎某項職務頭銜或特定薪資，而是『如何才能對我的工作持續感到期待和熱情，並維持實際的個人成長？』」雅德莉安的答案也不見得都是這樣，她說，假如我在她20歲時提出同樣的問題，她想要的是成為領導者，具體來說是領導大約50人的團隊。然而，現在她已經在帶領自己的團隊了，所以她的目標變得沒那麼具象：「我其實也算做到了，我真正想做的是學習新事物、走上不同道路，這些是我幾年前沒有想過的。」

儘管她們在科技圈裡的領域不同，瑪芮莉（Marily）也來到了與雅德莉安類似的處境。瑪芮莉在攻讀博士學位時，每年夏天都參與不同公司的實習計畫，「我擁有數據科學分析、軟體工程師、網頁設計師的實習經驗，見識了三家大不相同的科技公司，讓我能夠對大企業的運作有更全面的理解。」瑪芮莉想要進入這三家公司之一，有兩位前輩幫助她理解更多職務相關內容，也協助她準備面試。「以前我連產品管理都沒聽過，但後來我發現這項職務涵蓋了工程、問題處理以及對新事物的前瞻性眼光，同時要為自己想出的解決方案設定策略性的方向，這時我就知道這份工作就是我想要的。」瑪芮莉現在的事業目標是追求個人成長與啟發。「對我來說，能夠在作為電腦科學家的身分上成長是很重要的，繼續接受挑戰、繼續學習新事物、繼續犯錯！我想要的生活是充滿創新的環境，這也是我在工作中所面對的挑戰：解決使用者的微小問題，讓使用者的生活更美好輕鬆。只要我還能夠藉著科技不斷創新，我就能被啟發，這是我的目標。」

向上發展 Moving up

許多女性也想要追求更高的位階，但通常需要付出一些代價，或是追求位階的同時也會夾雜其他目標。舉例來說，卡蜜想要藉著升遷成為副總裁，但她仍不想要失去工作樂趣，想要享受追求目標的過程，「我喜歡打造好的產品與好的團隊。」卡蜜仍然想要在每天上班時充滿期待。

在退休之前，克莉絲有一項要達成的目標，就是成為第一個沒有學位的女性副總裁，她很確定這件事情史無前例。克莉絲目前任職的公司重視個人成長，她也找到適合的升遷模式，所以克莉絲在現在任職的公司特別專注於達成這件事。

娜塔莉致力於現在的事業十年了，她將重心放在將自己的潛力運用最大化。「我已經知道在目前的角色裡，最遠我可以走到哪裡，我希望能在公司內部進入職涯的下一階段。」但如果外面有更好的機會，娜塔莉也可能會離開現在的公司。「我也知道其他家科技公司的職缺和影響力正在逐漸擴大，我的目標是做出正確的決定，可以有效運用時間、資源與技巧，用我的能力做出最大的影響力。」

擁有影響力 Having impact

影響力與成長息息相關，許多女性都想要感受自己的影響力。事實上，許多女性走入科技圈是為了改變世界，這是她們踏進科技業的動機，無論這些女性是否能為世界帶來影響，她們仍希望能夠擔任重要工作的負責人。

吉兒的未來願景是成為執行長，她希望自己能更加成熟，為他人所依靠。「工作中最吸引我的部分，就是能夠幫助別人成為最好的自己，這對我來說很有意義。我想接下來的目標就是成為執行長了。」吉兒之前曾擔任過一間小企業的執行長，她運作過各種規模的團隊與創新想法，擁有寬廣、深厚的經歷與才能。吉兒特別希望能夠負責推動完整的成果及團隊，「對我來說，擔任執行長最吸引人之處就是完成專案的責任感，掌控整個組織與成果在我看來是很有意思的事。」

卡萊（Caragh）則想要獲得總監職務，因為這樣她就擁有專業的商業領域技能。卡萊想要掌握「從制定策略到成果損益的所有一切」。某種程度上來說，她對領域不太挑剔，也不會只乾等著升遷。她更大的目標是「我擁有動力，想要繼續在職務上有所發揮，並且找到解決新問題的機會，或是可以發揮影響力。」

安妮則完全相反，她放棄手上的管理職務，轉而接受個人化的職務。「其實我覺得很刺激，因為那就是我覺得現在我可以發揮影響力的位置」。安妮不盡然需要長期的目標，「我覺得有目標很好，只是我的方向是：我想要學到什麼？我想要達成什麼？我想要參與或協助什麼？」現在的安妮藉由幫助其他團隊來獲得快樂，「因為當你看到你幫助的一百個人都成功了，就會擁有一百倍的快樂。」安妮很確定自己不需要成為執行長，「那壓力也太大了吧！」她的目標是繼續接受挑戰，也繼續為社會帶來貢獻。

莎拉的重心則是影響力，不論是對她自己、職場、家庭或是在她所屬的群體之間。「我把自己、家庭與生活放在首要位置，希望可以為這些帶來重大影響。我在一個經常需要面對經濟狀況的家庭中成長，從小就知道財務帶來的壓力。我最大的目標就是絕不讓我的孩子感受到這種壓力，並讓他們不受到家庭條件的限制，可以發揮潛力。我沒有設定要想達成的位階，但持續自我成長是必須的，因為成長與改變可以讓我茁壯和獲得能量。」

幫助他人 Helping others

艾許莉則談到另一項常見因素：對幫助他人的渴望。我和艾許莉碰面時，她剛結束一趟旅行，並且正在找工作。「我那時正在接洽不同公司的徵才人員，來看看這些公司是否適合我。我一直試圖複製我第一份工作中的經歷，想進入一間小公司。」艾許莉喜歡小公司的環境，因為她可以帶來立即的影響。而當她進入借貸俱樂部工作時，那裡的工作方式很傳統，例如手動製作工作表與記事。「我就把公司裡所有的項目都改成自動化。」艾許莉喜歡影響他人，讓別人的生活更輕鬆，「這樣感覺很好啊！」

梅蘭妮（Melanie）也想要發揮這樣的影響力，儘管她正經歷轉換事業的不穩定時期，但她仍想要「找到一間公司、一份職務，可以讓我創造一個環境。在這個環境裡，人們對自己所做的事感到快樂、擁有健康的工作生活平衡，並能產出讓公司成功的價值。」梅蘭妮重視為他人創造環境的重要性，並希望擁有「大範圍的影響」。

凱倫維克爾（Karen Wicker）曾擔任谷歌與推特的行銷溝通專員，她也曾撰寫針對內向者的人際社交書籍。凱倫現在已經68歲了，她能預測自己最後30年的事業範疇，也甚至能感覺到她的事業不斷成長變化，可以運用她的才能幫助他人。「我現在做的是諮商顧問，另一方面擔任解說者，成為人與人之間的連結。」凱倫提出例子，有一間新創公司需要找到適合的行銷溝通代理商來擔任中間角色，好讓工作能順利進行。雖然凱倫不一定有適合人選，但「某種程度上，這需要發揮我的人脈才能幫忙解決問題。」

擁有個人生活 Having a life

有些女性清楚人生中最重要也最優先的是「生活」。許多女性的目標除了達成新的里程碑之外，有時也因為缺少機會或受限制而必須改變。這些轉變大多是自然發生的，且會根據每個人的生活階段而變化。例如黛安（Diane），「我的事業目標嗎？我覺得就是開心上班、過日子，我沒有什麼像是要達到某個位階、成為新創公司執行長的具體目標。我比較想要做自己想做的事，同時擁有個人生活。」

貝瑟妮的目標則是擁有一個在職場與家庭中可以平衡的事業，「就現階段的事業目標，我覺得維持這種平衡對我來說最為重要。雖然我不太想要這麼講，但這真的是起起伏伏。」貝瑟妮對於能夠獲得商業開發與合作的領導者職務心懷感激，「我很幸運能夠擁有這項事業，雖然有時也不盡圓滿，但這讓我可以每天在家吃晚餐、參與孩子的生活。當我和工作忙碌的朋友，或是有差不多薪資能力的朋友比較時，我覺得她們的個人生活比較辛苦。」隨著孩子愈來愈大，她更能感覺到這一點。面對她12歲的孩子時，「我也不曉得他何時會準備好跟我聊他的心事，但我必須在需要時陪在他身邊。」貝瑟妮也看重近程的發展，她承認沒有做未來三至五年的規劃，「我所想的只有如何度過夏天，等著把孩子送回學校後，再每天做一點打算。」儘管如此，貝瑟妮向來也不是擁有長期規劃或商業頭腦的類型。「我的事業企圖心讓多數人感到訝異，包括我自己……我不是在常春藤名校畢業，對自己也沒有什麼願景，我的事業就是場快樂的意外，也很期待看見其他的快樂一起攪和進來。」目前，因為貝瑟妮的事業與個人成功，她擁有自己所需的工作彈性。

莉絲對自己的職業生涯抱持著類似看法，她認為與其說是目標，「比較著重於如何平衡生活的同時，也發揮影響力。」莉絲承認自己還沒想通，「如果你問我在職業方面我在乎什麼，我通常會說影響力，我嘗試找到自己能做好、能夠帶來實質進展的工作，也在公司中尋找能在社會議題上帶來實質影響的事情。」莉絲愈來愈常問自己，「我對家人來說是什麼樣的人？在家裡又扮演什麼角色？」能夠回答這些問題，又同時可以維持職場的影響力，這就是莉絲目前的人生目標之一。

職涯初期，凱薩琳不清楚未來想走的路，但家庭與生活一直是她首要考慮，「我不太擅長做長期事業規劃，所以我的目標很簡短，只要持續學習……我覺得直到現在，我都還無法把家庭生活放在首位，也不是說必須這樣，但我希望自己能做到這一點。所以我目前的目標，就是維持職場上的影響力，並更有效率發揮能力。」

蓮娜（Lenna）則開玩笑說她的目標是退休，但這是因為她想要發展不同的生活與事業。「我認為我現在的事業目標是達成一定程度的財務穩定，接著退休，發展興趣。雖然像是場白日夢，但我也是人生旅行家，每半年左右我就會想要在蒙大拿（Montana）開一家狗狗旅社或是烘焙坊。」從務實的角度來看，蓮娜認為自己可以成為自由工作者，在無線網路的環境以遠距方式來工作，她期待可以達成這個目標。

說到生活目標，許多女性會藉由同時兼顧生活與工作來衡量事業上的成功。克莉絲坦（Kristen）說：「走路去上班是我的長期事業目標，現在我也走路去上班，因為我的辦公室離我家只有十分鐘。」這對先前在舊金山灣區通勤的她來說是極大的轉變，達成這個目標後，克莉絲坦覺得現在的目標是「擁有更大的影響力，在職涯上帶領更多人前進。」克莉絲坦也很在乎自己要如何去幫助他人的事業，以及透過「引導與指導」為他人提供機會。

回到源頭 Returning to our roots

和我的團隊進行對話時，第一個問題都是有關他們過去的主修科目，或是在學校裡喜歡什麼課程。我們回顧在經歷生活的峰迴路轉或隨波逐流之前，存在於過去的最初動機與夢想，看那裡是否還存留著企圖心的種子。以我為例，小時候想要成為作家、女演員或是說故事的人，重新檢視過去的夢想幫助我找到重心，讓我想起真正的自己，而非矽谷所定義的我。結果，我重新開始寫作，其他女性也一樣藉著回顧過去來找回生命的重心。

卡蜜兒來自喬治亞州沙凡納市，想要在未來的商業活動中運用家鄉的旅遊知名度。上一份工作帶領她進入房地產與設施領域，現在則運用職務學習物業管理，預備未來轉職的可能。「在我學習了物業管理、設施、建築架構之後的下一份工作，會是我事業的最後，無論如何那都很適合退休。」

亞莉克絲畢業於波士頓東北大學（Northeastern University）電腦科學系。她最初想成為發明家，且對數學解題很有興趣。「高三上了第一堂電腦科學課，後來在大學就主修電腦科學，而我的第一份實習工作是在SmarterTravel（TripAdvisor的子公司）擔任網頁開發實習生。」亞莉克絲目前想要投資自己的科技能力以成為專家，「在擁有扎實科技底子與財務穩定後，我想要為少數團體及低收入家庭開辦非營利的編碼學習營，我希望他們也有收入翻倍的機會，並且也讓科技產業更多元。」

探索 Exploration

有些人藉由回顧過往來找到對未來的啟發，也有些人使用刪去法來尋找新的想法。艾許莉就是個好例子，她在工作中覺得自己太安逸了。在經歷新創公司的快速成長之後，「我告訴自己：『不要被寵壞了，你現在過得太好了。』」當艾許莉的主管，同時也是她所仰望的導師兼顧問決定離職後，她也立即決定離開。

自大學以來，每當聽聞朋友沒買回程機票就飛往亞洲旅行，待上幾個月，此刻就會有個想法充斥在艾許莉的腦海：「我一直很想要像他們這樣，但實在太膽小了，也從沒想過有一天我會這麼做。」而在決定離職去旅行這件事上，艾許莉有個共犯，她的男友也打算辭職，所以他們一起訂了單程機票，大概計畫了要前往的國家，結果預計兩個月的旅行變成五個月，最後他們玩遍九個國家，包含泰國與越南，他們在這兩地各待上一個月。

訪問艾許莉的時候，她才剛回到美國。「我們正在找公寓，慢慢地我得面對現實，而事實是我又得找工作了。」艾許莉承認對於尋找下一份職務覺得「超害怕」，但同時她再一次發現自己正在探索。「當我們大學畢業進入職場時，心裡想的是：『希望我能找到工作。』但到第二份工作時，你會明白『其實我可以挑啊！』這不只是某間公司是否願意接受我，更是關於我是否選擇了適合的公司。」

凱希（Cathy）是專精於使用者體驗與設計的自由工作者。在女兒出生後，她就離開傳統型態的公司，而現在的她很享受這份使用者體驗工作。「對我來說，使用者體驗不只是一份工作而已，能使用我的能力來優化、改善我們使用的任何系統或介面，同時也是思考和看見世界的方式。」除此之外，凱希也熱衷美食，她正在尋找將興趣融入工作的新方式。

遇到瓶頸 Hitting a wall

有些女性非常努力工作，也一路升遷，接著就不太清楚下一步怎麼走了。所以，定義並釐清自己的道路就是眼前的挑戰。

我在被我稱為「夏日書呆營」的營會遇見艾美，那時我們才17歲，我也一路見證她在科技圈的事業過程。寫這本書時，艾美和我分享了她事業中的片段與里程碑，彷彿在聯合勸募協會（United Way）的全球總部分享「引導的價值」（The Value of Mentoring）一樣。在工作上，艾美知道作為技術營運主管，需要監督大部分的東岸區域工作，而從我所處的制高點看來，艾美似乎正在一路攻頂，並且像是為了達到目的一般推銷自己。

當我們聊著，我注意到艾美對於缺乏「編碼」科技背景的不安，於是我開口問她。「我確實感到不安，覺得好像走進死胡同，感覺我永遠都當不上技術長。」艾美偏向尋求營運長職務，在這條道路上她可以運用更廣泛的技巧。儘管艾美並沒有受過正式科技學科教育，但她擁有企管碩士學位，於是在科技圈中她強調自己辨別輕重緩急與釐清工作的能力，能夠防止團隊陷入混亂，並且弄清楚需要處理的要務。「我的團隊每天要回應八百萬件事，就商業角度來看是合理的嗎？」現在艾美不再看重職位的高低，艾美也決定不再爭取執行長職務，「現在我可以說是沒有老闆，於是我就想『嗯，那我想怎麼做就怎麼做吧！』」

艾美也相當關注文化、包容、歸屬感以及多樣性。「現在似乎有很多機會，公司在招聘創新專員（Disruptor）與多元共融長（Chief D & I Officer），所以這是我可以準備進入的領域嗎？我在乎的是自己如何去影響他人、如何讓大家坐下來討論、如何讓他人在團隊中成長。」在艾美思考未來道路時，這些也是她所考慮的項目。

潔西卡則是因為夢想變調而感到挫折。談到事業目標時，她就濕了眼眶。「我想要成為行銷長，但當我看到其他上市公司的行銷長時，我並不覺得興奮，我不太想要我的生活變成那樣，也不想隨時都在寫企劃專案。」當潔西卡嘗試尋找能夠平衡家庭生活與工作的方式時，她發現沒有這樣的職缺。「我想新創公司的行銷長職位或許不錯，我希望能夠應用我的才能，而不是只坐在辦公室看簡報，我對現在的處境很挫折，所以忍不住哭出來。」

潔西卡認為自己應該先遠離目標，而不是繼續追求，因為她強烈覺得自己的經驗不被認可。「也可能某種程度上，我還沒找到心態切換的模式，所以我不覺得自己可以達成目標。」潔西卡也談到覺得年齡開始對她不利，因為她所擁有的機會比30多歲時來得更少了。「31歲離職，那時有那麼多的工作邀請，讓我覺得企管碩士還是有意義的，但世界對30多歲的女性與40多歲的女性完全不同。」

法蘭西絲（Frances）身為母親與資深主管，她在這兩個角色間感受到極大的拉扯。「在事業上我完全是『驅動者』，我攻讀企管碩士也獲得學位，一直以來我都在往上爬，但老實說我現在卻得艱辛地跨出每一步、再學多一點、賺多一點，除了很喜歡工作之外，還有因為住在都市裡花費更高。」同時，法蘭西絲還得陪伴孩子，「女兒們的重要時刻，我想要陪伴在她們身邊。」法蘭西絲在之前的三份工作中，把佔八成的出差減少到兩成，但這在她的領域中都必須付出額外代價。

但法蘭西絲並不想要放棄事業目標，只是她不知道未來何時才能夠往前。「我也想過是不是改為爭取營運長。我在這個領域也做了很多，卻不曉得何時才會成真。或許等到女兒們上高中，我也為自信、自尊心、適應力打好基礎，並且能接受更長時間的工作與週末加班。」

理清頭緒 Figuring it out

也有些人是一邊工作一邊探索自己的職業志趣。這也沒關係，因為事業是一條長路，有時候我們得花時間多方面嘗試，發現我們喜歡什麼，或不喜歡什麼，並且在新的領域裡繼續體驗。

雪莉正在經歷這樣的過程。「上週有場商談，我拿出了《做自己的生命設計師》（Designing Your Life）一書……因為商談對象是我的經理，所以我對於如何讓這一小時的商談具有價值感到恐慌。」在海外居住三年後，雪莉將職業生涯最初幾年的重心放在國際商務及擴張。雪莉發現「我喜歡國際化，但也不只喜歡這些。當我知道我的專業不必被侷限在狹窄的範圍，這個理解對我很有幫助。」

儘管電話產品經理職務的工作，大部分都非國際化事務，但雪莉是在擔任此職務時發現了讓她擁有滿足感的原因。「我想很大部分是關於幫助不清楚科技的人了解科技。」有些人因為地理因素、語言或恐懼，所以對科技缺乏了解，因此幫助對科技不熟悉的人了解科技就是雪莉的動力，她發現自己的事業目標就是使人與科技接軌。「對於『我的職業目標是什麼？』一題來說，我的回答實在是很長，但我希望自己在這個面向上持續成長。」

凱莉（Kerry）之前就擔任過總監職務，現在的她是公司的資深經理，但她的目標並非回到總監職位，「我並不期待下次升職能夠獲得那個位置，也沒有非要成為總監或什麼高層，我喜歡現在的工作。接下來幾年，隨著公司未來發展，我希望能看見公司可以帶我走到哪裡，同時繼續幫助公司裡的同事成長。」

蜜雪兒（Michelle）的想法也很類似，她期待繼續前進與探索，而不是一個具體的目標。「這很難具體解釋出來，但我試著說說看好了。整體來說，我希望能再升遷個幾次，但目標並不是擁有更高階的職位。我的目標是學習更高階的技能，突破更多的障礙。」凱莉舉了幾個例子，之前她竄升到第一份管理職務，後來當上管理經理時，她又越級升遷了一次。凱莉享受跨越障礙後的成長，而這也是她繼續在大公司任職的原因。「這裡很適合學習，假如是在小公司，因為員工不多，隨時都有可能觸碰職涯的極限。」

本書的第一部「你是科技人」就到此這裡，我以受訪女性在科技圈裡的不同遭遇及找到出路的經歷，讓讀者建立相信自己屬於科技圈的自信。無論你現在正考慮加入科技公司，或是已經成為其中的一員，我相信人人都可以

在此處找到自己的位置，這是我想要告訴大家的。

同時，我也想保持事實的真實，成為科技圈中的女性需要面對許多挑戰，我們不應避開這些現實問題。在第二部「與眾不同的好與壞」中，我們將進一步探討這些故事。

第二部

與眾不同的好與壞

THE PROS AND CONS OF BEING RARE

清（Ching）

我覺得這就是正在崛起的現代女性會遭遇到的事吧！我們創造了新的認知層面，而且這不只是與我們自己有關，更關乎未來的世代，甚至是為她們改變局勢。

亞蘭娜（Alana）

我比較常把這個看成雙贏。我進入科技圈，成為相同薪資員工之間的頭痛人物，因為如果我不做個令人頭痛的人物，就會讓其他和我相同處境的人失望。這些人指的不僅是女性，更包含像我這樣在職業跑道上換得很遠、選擇高風險、做一般人不做的事的人，如果我不認同這些嘗試的價值，這些勇於嘗試的人便會感覺受傷，而我就遇過因此受傷的男性及女性。

清（Ching）

從很多方面來看，妳都在開拓新世界。

亞蘭娜（Alana）

聽好了！我在開拓新世界！我要把這句寫進書裡。

清（Ching）

真的啦！沒有妳開路，別人走進來的機會就更少了。

2-1 承擔重量

Bearing the Weight

——從事科技業的優勢及弱點，那些我們面臨的難題與能夠改變的事

現在進行式 Progress in motion

大學時我有遇過一些跟蹤狂，這不算什麼稀奇的事，因為我認識的很多女生都有遇到怪人的經驗。我遇到的跟蹤狂裡，有一個總是突然從我經過的大樹後面跳出來；另一個則是常常出現在派對裡，持續盯著我而不把眼神移開，有一次我和朋友聊起，才知道這個跟蹤狂也會跟著她。

基於自己的性情古怪，我總是對這些不擅社交的人抱持同情，但恐怕我是對這些人太過友善。只要一點點注意力似乎就能給怪人們極大鼓勵，讓他們跟我跟得更緊。隨著年齡增長，我學會了及早扼殺各種可能，像是假如有人一直盯著我看，我會馬上走掉，有人跟在我後面，我也會直接掉頭，因為我要避免雙方之間的尷尬。整個過程總是讓我心累，又不是我想要這樣的，我根本不想被注意。

22歲時，我第一次離開波士頓出差，當時任職的新創公司現在已歇業，那時我在那間公司擔任會計經理，負責一間花店的網頁科技。我比同行的同事提早抵達，客戶的員工到機場接我，這不是什麼浪漫愛情電影，也不是一見鍾情，這就只是工作。

客戶提議到當地的一間義大利餐廳用餐，我以為這是標準接待方式，所以我接受了。在大量美食一道道上菜之際，我們雙方持續著尷尬的對話。對方很友善，但是對話一直朝著我不太想聊的方向前進，例如「妳有沒有男朋友」。用完餐後，舟車勞頓的我終於返回飯店。

當我打開筆電工作時，我的電話響起，客戶說他在樓下，問我要不要他上來，我頓時瞠目結舌，並盡可能保持禮貌且堅持立場的說「不要」。

我馬上把「客戶勾引我」這件事告訴老闆，我的老闆嚇了一跳。就算在這種狀況下，我的直覺仍是自保，畢竟誰知道客戶那方的說法會是如何呢？所以我覺得有必要為自己辯護，向老闆強調我自己對那位客戶沒興趣。我沒有生氣，只是覺得好笑並同時覺得很煩，雖然這種情況是預料之外，但其實沒什麼好驚訝。

隔天，客戶性情變得刁難又敏感，一改之前的讚美，他在眾人面前貶低我的工作，一邊冷笑一邊批評我，這顯然就是拒絕的代價。

回到加州後，我就不再負責這個客戶，我樂見這樣的改變，因為為何要繼續和討厭妳的人合作呢？我們財務長是公司的成熟大人，他把我叫進辦公室，確認我是否沒事。那時我覺得大家有點大驚小怪，這種事情不是隨時都有嗎？狀況解除後我就立刻放鬆，完全沒有思考這件事讓我付出了什麼代價。事實上，這間公司很棒的地方，就是會直接面對狀況並作出處理。

那是2000年的事了，我那時只有22歲，我不認為自己的未來會受到影響，或是因此從重要專案中除名。我沒有以科技圈的代表女性來思考這件發生在我身上的事，我也不覺得自己代表誰，我只單純地為了不用再和那位客戶共事而感到開心。

回到2000年初，我打算參加一場公司的滑雪之旅，這是我加入新創公司時完全沒有預料到的。小時候我不曾滑雪，因為那是昂貴的消遣，家中無法負擔服裝設備租借的費用，而且我的家人似乎也不喜歡太過寒冷。我的記憶中沒有冬日冒險，因此不會滑雪的我，對這次旅行很擔心。但是後來我學了滑雪，而這個滑雪經驗似乎顯示我與其他人不太一樣。

旅行中的某天晚上有盛大晚會，那裡有自助吧和DJ。當走進大型滑雪度假村的會場時，看到舞台上有升起的籠子，裡面有女生正在跳舞，那時我嘆了口氣，真不知道人事部看到這種表演會有什麼想法。我心想，你們至少在籠子裡放幾個男生吧。

過了很多年，我才逐漸不會在職場活動裡，看到這些穿著曲線畢露服裝的女生，她們的表演有時候是馬戲團風，有時候是摩登路線，也有穿亮片裝的舞者，後來的表演也加入了一些負責踩高蹺的男生。這麼說來，算是擁有兩性平等的機會嗎？

快轉15年，那時我作為團隊主管，坐在大會議室裡開會。我們設計了好玩的活動，是一場兇殺懸案。一開始就覺得我的「蜘蛛感應」（註：蜘蛛人的危險預知能力）啟動了，有預感活動一定會走歪。這場1920年代謀殺懸案，充斥著那個年代的刻板印象，包括色瞇瞇的富人、情色路線的女僕以及無知清純的菜鳥女明星。在幾分鐘之內，就出現了第一個有關生殖器的玩笑，雖然這些完全在意料之中，但我的臉還是抽動了一下，坐在我旁邊的女性則是立刻起身離開。在活動的最後，一位主管起身致歉，表示沒有監督好此次的活動。這就是動態進展，社會風氣的轉變需要時間一點一滴去改變。

去年我注意到共事的一位女性主管燙了一頭美麗的捲髮，以往她一直是直髮。我稱讚她的造型，她則開始告訴我自己是如何刻意設計髮型，並且最近終於找到了擅長捲髮的髮型師，她還說：「妳有注意到女主管幾乎都是直髮嗎？」

這是真的。我們有各種有意無意的偏見，像是在美國文化中，直髮較捲髮優越是其中之一。當然啦！所有直髮女性都羨慕捲髮，所以市面上大量充斥著可以使頭髮蓬鬆的產品，但是如果我們看看路邊的廣告板，上面的電影明星、模特兒、各界領袖以及網紅，就會發現直髮優勢。另外，海灘風的亂髮在廣告與電視節目裡都是瘋狂的象徵，所以擁有捲髮的男性多半會把頭髮修短，而非維持捲曲線條。有些捲髮髮型則可能引發更大的效應，例如黑人經常被要求改變髮型以融入校園、職場或符合其他的社會規範。[27]

身為捲髮女，我的髮型則是視環境而定，例如在婚禮上我把頭髮夾直，那是因為我想要在那天看起來很美。即便有很多人說他們非常羨慕我的頭髮捲度，但是因為捲髮髮質在我想要體面的日子特別難搞，而且我也覺得直髮比較好看，所以我仍是比較偏好直髮造型。

還沒有懷孕生子前，我通常用化學藥劑把頭髮燙直，而現在我多半是綁成辮子或是丸子頭。當我放下捲髮時，通常大家會發出讚美聲，不過綁起來還是比較方便，因為頭髮放下來的話，其實比較容易打結，甚至在潮濕的日子，我都可以感覺到頭髮變得愈來愈狂亂，所以我會往後梳。最後我選擇定居在擁有相對乾燥氣候的加州，應該也不是偶然。

至於我的同事，當她和我談起女性領袖時，才發現我對自己是誰還沒有什麼頭緒。通常我在面對大型團體、錄製影片或是拍大頭照時，都會為了那趟行程或那一天把頭髮夾直，我無意識間認同了那種造作的領袖形象，但我在擁有直髮時，也的確比較容易適應領袖姿態。我陷入了這種偏見。

可是，如果我沒有這麼做呢？如果我展現的是自然捲髮，這樣會有影響嗎？會不會有觀眾看到我，心裡想著：「我是不是也能像她一樣？」幾個月後的一個場合，我要在一間容納約七百人的擁擠房間裡做簡報，另外還有約八百人在轉播室裡收看直播。當舞台燈光照在我身上時，我對於簡報內容一點也不緊張，但我知道我的頭髮在畫面上看起來很捲，那時我好想舉手把頭髮盤成丸子。結束之後，兩位女子上前來讚美我的簡報與髮型，我解釋了刻意這麼做的原因，並且從她們眼中看見欣賞的眼神，這對我來說很有意義。

這一連串故事要表達的是我作為科技圈女性，在事業的進化旅程中，從

27 Mason, Kelli Newman,「在工作場所中，關於理解並接納各種髮型」，The Riveter，2020年4月。https://theriveter.co/voice/understanding-andembracing-natural-hair-in-the-workplace/.

毫無自覺到有意識，甚至最後成為領袖。

年輕時，有幸可以在聚會上觀察女性娛樂等問題，但那時我只覺得會有人來糾正這個狀況。我不是太喜歡女性團體與活動，也對婦女聯誼會沒有好感，那麼為什麼現在我要和女性們合作呢？不是因為我缺少女性朋友，是因為我是獨自奮鬥的成功人士，我必須努力待在這步伐飛快的事業與人生道路上。我的價值來源大部分不是來自周圍的人際關係。

然而，成為領袖的延伸性影響不容忽視，我對他人的薪資、事業進展以及他們的下一個機會有責任。作為資深的科技圈女性，我也覺得有責任為此發聲，並直接承認某些事情沒有成效、某些事情可以做得更好。我意識到我已站在可以發聲的地位，因此這幾年我比過往任何時候更頻繁發表意見，尤其是看見有人破壞科技業中包容性的時候。關於多樣性與包容性，以及metoo運動等，都改善了我們為自己與他人發聲的能力，而薪資則是我們努力奏效的證明，現在我可以告訴老闆我不滿意我的薪資，這不僅是為了我自己，也是為了其他女性。這對於像我這樣，覺得自己談判很困難，對別人又有責任感的人來說是很大的力量，再加上在科技圈裡正在進步的規定與福利，例如優於美國法令的育嬰假，這一切都讓我更有動力去做對的事。

只是背負責任並不容易，甚至會導致怒氣，像是「為什麼我做得比別人多？」在職場支持女性或少數人士的工作，例如組織團體或是參加多樣性徵才活動等等，多半不會獲得感謝、升遷、加薪或認同。有時候覺得我們正在進步，但我盯著某些人的眼睛，總覺得這些都還不夠。有些時候我會怒氣沖沖地大聲抱怨我所看到的事，到底女人如何才能避免遭受男性的各種干擾。我經常在想，為什麼不能做好本分、享受成功，然後完全忘記我是女人呢？關於這些問題，我沒有準備漂亮的回答，但我的內心仍是那個孤單待在電腦實驗室裡，花數個小時研究架設網站的女孩，在那裡我找到了跟我一樣的人，所以我也不會輕易放棄。當訪問這些女性時，我也好奇身為表率的她們如何承擔這個名聲。我們是否忽視、接受或是擁抱我們的潛在身分？我們如何看待自己所選擇的道路？

看起來如何？感覺如何？ How it looks and feels?

我們大多數人都在某個時刻有過這樣的經驗：在人群之間覺得自己和其他人不一樣或是被孤立。這可能是發生在孩提時代或青少年時期的經驗，在那階段總是覺得人們的一致性遠高於個人的獨特性。而在職場中成為少數者看來是如何？感覺又是如何呢？我們如何發現自己不同？為什麼？在與女性的訪談中，原因通常很模糊。是因為她們是女生嗎？還是因為她們太年輕？或是太老了？因為她們是黑人？拉丁裔？她們不夠科技化？沒有上過大學？這些疑問可以一直往下列。有時候女性們不受影響，但有時候也會讓她們懷疑到底是什麼造成她們沒有歸屬感。

卡蘿是位軟體工程經理，她主修數學與電腦科學。在擔任管理高層之前，卡蘿曾擔任全端工程師有十年之久。「我當然有注意到過，例如在某些會議中，我是那裡唯一的女性。」她有時也注意到自己是面試官中唯一的女性，「我覺得公司的安排是有意的，好讓求職者覺得面試官具有多樣性與包容性。」不過這些狀況沒有給卡蘿帶來困擾，「某種程度上，我覺得很幸運，因為這是所有人都意識到的問題，但是同時我也得承認並接受這就是我們的現實環境。」

在其他公司邀請寶拉擔任專案管理工作時，也發現類似的狀況。「我會看公司的網站，發現網頁上沒有女生，全部都是男性，只有人資部門有一位女性。這對有色人種女性來說是最糟的，甚至在我自己的團隊中，我都找不出五位西班牙裔同事。」有次工作週會，聚集了來自不同領域的銷售人員。「我是專案經理，也是唯一的西班牙裔女性。我想整場會議裡大概只有另外兩位女性，然後大約有八位總監等級的男性主管。」儘管寶拉不容許自己膽怯，但她仍然感受到「不是總監、又是有色人種女性、西班牙裔」的標籤。

蓮娜在事業初期就面對無止盡的掙扎。「因為我是女生，而且那時才22歲，所以有很多掙扎。」不僅如此，她在科技方面的優勢也不如其他人。「那時我待在全是比我年長男性的辦公室裡，這些男性都擁有電腦科學學位，而我卻是拿著雜誌記者學位的年輕女生，我那時該有多痛苦啊？」擁有堅定心智的蓮娜，經常覺得自己在兩種想法之間擺盪：「我是否不夠女孩子氣？還是我不夠男性化？」她舉了一個例子：「那時在蘇黎世，我出席了一場全是男生的會議，他們的科技專業都比我深入，而我嘗試和他們一起解決問題，但他們對我的態度就是：『不對啦！不是……妳安靜啦！』」蓮娜覺得這件事也不完全只因為她是女生，「我不知道是因為我是奇怪的女生，還是只是因為我不是科技專家。」

在商業世界中，克莉絲坦經常是辦公室裡唯一的女性。「我小時候經常參加運動遊戲，而且我很擅長運動，所以也很常加入運動隊伍。我有三位兄弟和一名姊妹，父母絕大部分的時候對待我們的方式都很平等。」克莉絲坦長大的過程中，從來沒有任何人告訴過她，因為她是女生，所以她不能做什麼事，因此「進入職場前，我不太知道什麼是女性主義，對這一點也沒有什麼認同，因為我並不覺得我們需要女性主義。」克莉絲坦的工作與銷售和科技有關，現在的她發現身為辦公室裡唯一的女性，本身就是一項挑戰。「從紐約飛往拉斯維加斯消費型電子展（CES）的班機上，我發現自己是空服員以外的唯一女性。女生真的就只有我和空服員而已，整班飛機上全是男生。然後我在拉斯維加斯和這些男生待了整個星期，那裡其他的女生都是穿著內褲、端來雞尾酒的服務生。」

優勢 The advantage

有些受訪女性則認為作為科技圈女性這件事帶來了正面的影響，而不是沉重負擔。有些是因為她們的辦公環境裡圍繞著其他女性，有些則是因為她們喜歡擁有女性在科技業的形象優勢。

卡蘿提到一個例子，她參加了一場男性主導的會議，而會議超時了。她以女性化的溫和語氣請求大家留下，因為討論的內容非常重要，需要所有瞭解來龍去脈的人一起完成討論。「當我親切請求的時候，大家因為是我開口就留下了。」卡蘿也樂意被邀請加入面試主審，這樣她就有機會向未來的同事展現公司的樣貌。

蓮娜也發現類似的問題。有一次她和一位體型較壯的男性朋友聊天，兩人身形相比之下總覺得自己「嬌小玲瓏」。某次交流意見時，朋友表示只要這位男性說話有點唐突，就會被認為帶有攻擊性。「但當我亂說話的時候，每次都不會怎麼樣。」蓮娜說有次她還曾經告訴老闆會議已經超時了，請他記得自己要說的內容，下次開會時再說。「沒有人把我想成負面的權威形象，但換作是我那位朋友開口的話，大家就會很介意。我覺得這種優勢很棒，因為身為女性的關係，讓我可以兇一點，也因為我的外表不具威脅性，所以嗆一點也沒關係。這聽起來有點悲傷，但我確實發現這點。」

凱薩琳也覺得女性優勢讓她順利成為總監。「某方面來說，我覺得我擁有一些男性化特質，所以儘管身為少數，我還是比較容易生存下來，因為男性化特質讓我好像不是少數性別一樣。」雖然凱薩琳擁有優勢，但她確實也需要注意缺點，「如果有人說我太直接，我總是會持保留態度接受，但如果這個回饋來自男性，我會有一樣的反應嗎？」

值得注意的是，有些團隊具有女強人形象，這是我們談到科技公司時比較不會提到的，像是行銷、客戶服務以及法務團隊中的女性成員通常比例較高。卡萊在由女性主導的人力資源部工作，她從來不覺得作為科技女性為她帶來沉重的負擔，「我沒有感覺到什麼負擔耶！」但她也明白任職於技術團隊的女性通常壓力比較大。

認知 Being aware

我的受訪對象們都提到，無論她們擔任什麼職務、加入什麼團隊，身在科技圈的女性都有許多挑戰。多數人首先提到的是：科技是一種新的嘗試，它並不完美。

卡蜜兒提醒我們「科技行業與美國的其他事業一樣。」縱然大家以為「這些年輕、創新、新潮的科技公司一定很具備多樣性」，但我們其實仍在進步中。「很多科技公司跟一般的公司一樣經營，在那裡的員工，跟在銀行、工廠、谷歌、臉書工作的人都面對同樣的問題。沒有什麼神奇魔法，可以讓所有員工一夕之間變得多元、包容、平等。」

除此以外，卡蜜兒也表示雖然有幫助管道，還是會遇上類似的困難和新的考驗。「無論你來自哪裡、擁有什麼背景，改變每個人類的心思都需要花費很多的時間，甚至是好幾個世代。」為了改變，必須擁有一定程度的耐心與接納，卡蜜兒很慶幸自己任職的公司願意為包容平等貢獻心力。「至少在這裡的人們可以開口談這件事。能夠待在這樣的公司是很棒的事，但這不代表所有事情已經完全改善。如果你拒絕面對這裡不平等的事實，那就要小心了。正在改善中沒有不好，全美國任何大公司裡的生態都是這樣。」

莎拉也同意卡蜜兒的觀點，「科技業的運作方式，讓大家深信只要同心就能找到更進步的思考或共事方式，但事實上不見得如此。工作是工作，人就是人。」莎拉還記得，她曾在之前的科技公司裡，和一名剛在主管面前報告完的女同事聊天。「因為她的報告口吻太溫柔了，主管建議她以更陽剛的方式呈現，在現場要有發號施令的氣勢。」莎拉提醒我們，這樣的情況會持續存在並且變化，「根據職涯的不同階段以及合作的公司不同，可能變好也可能變壞。」

和卡蜜兒一樣，莎拉也發現科技公司至少比她朋友們任職的公司來得願意談論多樣性與包容性，「這裡的員工會討論、思考文化與組織，有意識地展現包容態度，並且創造多樣性與多元思考」。

梅蘭妮則讓我看見小公司的不同資源與關注點。「在科技產業中，大部分機會都來自於那些不太花力氣訓練管理人才，或提拔不帶偏見員工的小公司。」梅蘭妮認為待在小公司是種挑戰，因為「許多工作需要一遍又一遍透過個人努力來完成。」儘管如此，梅蘭妮也指出現今對於多元議題的重視帶來了幫助。「我覺得大家的確看見時代的問題，所以就算是小公司，也逐漸重視創造愉快且成功的工作環境。」

我們預設的立場 The assumptions we make

女性所背負的重擔，也包括他人預設的框架。這些年來，不知道聽過多少男性員工把辦公室裡的女性看作行政助理、速記員、端咖啡的人或是派對企劃。我們必須不斷花力氣證明自己適任各種職務實在很折磨人，但同時我們也不想發動戰爭來爭論女性的表現能力。數不清的女性持續被這些無聲的框架壓制得無法喘息。

亞莉克絲提供了一針見血的故事。在職涯開始前，這些框架差點扼殺她的工程師事業。她為故事加上序言：「女性所遇到的障礙看起來都不太像是障礙，你以為只是路上的小石子，但它們卻是佈滿倒鉤鐵絲的高牆，上面寫著『此路不通』。」在亞莉克絲高中最後一年，她詢問數學老師建議主修政治學還是電腦科學。「老師看過我在辯論比賽的表現，認為政治學是『一個比較合理的選擇』。」儘管老師為人和善，或許只是單純覺得亞莉克絲能夠成為出色的辯論者，但這個預設的標籤卻自此一直跟隨著她。「每次面對工程挑戰時，心裡的聲音都告訴我：『這又不是妳的天分。』好像女生不應該接觸科學技術工程或數學領域，好像從事工程職務的女生都是為了違抗潮流，證明自己是女性主義者。」

卡蜜兒是從教育領域進入科技業，她發現自己無法將自身作為女性的經驗，與擔任教育者的經驗清楚劃分開來，因為「我整個童年接觸的幾乎都是女性」。卡蜜兒進入谷歌負責設計兒童托育專案，她覺得這個工作很難與其他科技職務銜接。「我是營運經理，同時也是老師。就是當你的孩子待公司的時候，負責教他們的老師。」現在卡蜜兒也幫助其他老師調整履歷，讓她們可以有效舉薦自己的能力。「不能單單只寫**老師**，重點是要列出組織方面技能、人際技巧、管理經驗以及師生關係。這些能力其實比大多數人的工作都困難。」

卡蜜兒也提出另一個例子：一群工程師在行事曆上預約了會議時間，為了確認卡蜜兒是否具備現場托兒收款的資格。她說：「雖然不是完全沒道理，但他們怎麼不想想，我們都是由同一個徵才委員會聘用的，聘用你們的同一群主管也聘用了我，那為什麼我還要面對可能不具資格的假設？」後來會議很順利，一部分是因為卡蜜兒的父親是銀行總裁，對收款有一定的了解，但卡蜜兒質疑這樣的審核方式。「他們沒有邀請其他托兒主管或是經理參加會議，他們沒有解釋原因就把我拉進會議，然後開始質問有關金融安全與銀行業務的問題。」儘管卡蜜兒能夠順利處理這些問題，但這件事還是讓她留下不好的印象。「我心想：『哈！你們沒辦法拿我怎樣吧！但是這裡都是這樣處理事情的嗎？』」

雖然覺得待在這間公司很好，但卡蜜兒作為設施管理階層的黑人女性，仍然持續看到這類事件發生，「對外的時候，大家多半預設公司中的女性員工是客服之類的角色，而不是『主導專案』的職位。」所以卡蜜兒選擇在一開始就展示能力來避免偏見。「雖然以前沒有這麼做過，但走進辦公室的那刻，我覺得自己確實有必要賣弄術語……我額外去參加訓練、閱讀資料，因為無法快速消除偏見這件事讓我焦慮。」

卡蜜兒尤其希望可以不用解釋自己為何出席會議。我和其他受訪女性討論時，她們也提出少數性別在職場上的真實經歷，特別是黑人女性，她們經常必須說明自己參加會議的理由。「我常遇到這些事，因此我也不確定這些是否和種族、性別有關，還是我自己多心。」但進入目前的職涯階段後，卡蜜兒已經不再介意這些事，因為她沒有時間再把心力花在這上面。「需要發言的時候，我會介紹自己。如果有人有意見，如果他們覺得不舒服，出現莫名其妙的看法或偏見，那都是他們的事。」這讓我想起非裔女性作家托妮莫里森（Toni Morrison）的一段話：

> 種族歧視的嚴重後果就是干擾。它讓我們無法好好工作，讓我們忙於一遍又一遍解釋之所以存在的理由。有人會說你不該有聲音，然後你就得花上20年的時間來證明對方錯了。有人聲稱你的腦袋不太對勁，然後你就得找科學家來研究何謂事實。有人說你不該支配，你就得開疆闢土證明。但這些都不必要，否則永遠都有需要繼續證明的事。

吉妮也提出了類似的遭遇：「身為黑人女性，大家不會期待妳很厲害。」這件事反覆在吉妮的校園生活與工作中得到驗證。「還記得唸商學院的時候，大家的反應都是：『哇！妳是拿助學金進來的嗎？』事實上不是的，我用的是父母的存款，雖然我沒必要對這些人解釋，但我還是會說：『欸，不是。』哪怕有時大家根本不是問句。反正就是種族歧視之類的，其中也包含一些刻板印象。」儘管如此，吉妮還是選擇進入男性主導性最強的產業，像是房地產或招募高層管理的工作，她也注意到大型獵才公司都是由男性所成立。吉妮是一名身高近兩百公分的黑人女性與單親媽媽，「誰知道我的哪個面向吸引人，或是讓人避之唯恐不及呢？」吉妮高中時非常渴望當個平凡人，因為她總覺得「與眾不同的壓力很大」，但吉妮的身高和宏亮嗓門還是為她加分了不少，這展現出大眾期待在高階主管上看到的男性力量。「我意識到這讓我沒那麼辛苦，也比較容易消除他人的預設框架。但一定也有人覺得：『她以為自己是誰啊？』」

凱薩琳為這些差別待遇沉思了一陣子。「最近在人資領域興起一個話題，就是專業度的概念和定義，而衣著選擇也在討論範圍中。」儘管科技業風格自由，工作場合上甚至經常可以看到運動服，但服裝儀容的潛在議題仍然存在。「舉例來說，如果我看到某人的肩帶露出來，就會覺得不太專業。」最近，凱薩琳開始重新思考一些規範，並試圖探討「可以、不可以」的定義來源，檢視這些概念也等於在檢視性別與種族議題。「我在腦中列舉出科技圈蓬勃發展的成功人士，這些外向的人通常更容易讓別人聽見自己的想法，也更容易讓別人欣賞他們的工作表現。」而現在，凱薩琳開始觀察哪些行為會獲得讚賞？這些行為就職務來說是否必要？「不然的話，難不成只因為我們覺得這樣是對的嗎？」

女性經常以勤奮工作來消除別人對自己的偏見。「我是支持南大西洋地區的亞洲女性酷兒。剛開始工作時就捲入了廁所法案爭議，他們在大廳播放著福斯新聞（Fox News），而這些人是我的客戶。」艾美視工作為最優先也最重要的事。「性少數的特徵並非肉眼可見，外出時會遮住身上的刺青，也不張揚這件事，況且也不會有機會跟客戶談論到這個話題……但我仍全心全意在對待我的客戶。」艾美關注客戶的需求，也向他們證明自己的能力。「你們辦公室怎麼了嗎？你們需要什麼？你們需要哪些技術服務？你們的筆電還好嗎？網路還好嗎？這些都是我會去關心的事，客戶們也看見我的表現。」透過長期的關係經營，艾美獲得新機會。「我獲得客戶的信任，如果我們能夠發展出更密切的關係，也許我有機會改變他們的預設立場。」

舉牌行走 Walking with a sign

假如能夠揮動魔杖施展魔法，亞莉克絲大概會移除身上所背負的女性重擔。「我不想要舉著『科技女性』的標語走來走去，或是成為稀有的人。我不喜歡這份責任，因為只要我一犯錯，就代表女人不懂編碼。我不希望每一次公司的拒絕或阻擋，都讓我認為這些不是女人該做的事，也不想經常確認公司裡的女性員工是否能用一隻手數完。」

亞莉克絲從大學就感受到身為女性的沉重負擔。「只要看到班上有超過五個女生，我就會走出去，因為這代表我走錯教室了。」有人告訴過她：「『因為妳是女的，妳會拿到這份工作。』好像是為了必須達成的女性保障名額，所以才選我一樣。」亞莉克絲也沒有機會擁有更多女性朋友或同事，「我曾短暫當過老師，在這份工作中我最感謝的就是擁有許多女同事。」

儘管如此，科技業還是有一些優點，使亞莉克絲繼續往前走。「科技圈也有很棒的地方，我認為大家不應該是抱怨、埋怨所有男性後，離開這個圈子。這裡有幫助科技業成長的女性與很多的好人。雖然我的導師幾乎都是男生，但他們鞭策我的成長，並在低潮時鼓勵我，他們都是很優秀的指導者。而我留在科技業的主要原因，就是支持著我的科技社區（tech community）和朋友。回顧過去低潮時，你會發現科技業有多麼令人難以置信，可以從無到有打造任何事物。這個行業並不完美，但它一直在進步。」

在行銷與溝通的世界中，凱倫不太感覺到性別造成的負擔，「因為我身邊有超多聰明又成就非凡的年輕女性。」隨著時間的推移，凱倫認為自己的年齡可能也是一個因素。「我不太在意自己的年紀，大家都接受了我，我也不認為有人在乎年齡這件事，這樣很棒。」不過，凱倫也意識到她進入科技圈的過程不算順利，剛入行時只能擔任低階的職務，她一路努力往上爬，但「時間一長，年齡的確愈來愈有感……雖然我也只是更意識到這件事，並沒有『天哪！他們全都比我年輕』的感覺，而且這個念頭過去得很快，不像很多我交談過的人一樣為此驚慌不安。」凱倫已經習慣當個年長的人，只是「隨著時間，我明白年齡是一個條件，也絕對是一種無意識的偏見，而且確實存在，我不覺得職場中的年齡問題有得到妥善解決。」

你何時會挑戰現況？ When do you challenge the status quo?

就算有所改善，貝瑟妮仍說出了大部分人的感受：「性別偏見沒完沒了，而這些代價往往落在少數族群身上，他們需要更彰顯、分享並為自己發聲，這是我們要面對的事。」貝瑟妮扮演著向他人宣導的角色：「有一次我告訴經理，你的工作是坐在辦公室裡思考多樣性與包容性，但我的方式是離開床、把腳踏到地板上開始行動，我知道我不一樣。」

每天面對這些問題，讓許多女性感受到身為少數的代價，但問題無法透過聘用或訓練提案獲得解決。「這些事以不同面貌來到我們面前，有時候甚至看起來不像個需要處理的問題，因此妳會感到納悶。『喔，是女生的事嗎？我需要開口嗎？他們會抱持開放態度嗎？我會被看成老是拿女性當藉口的人嗎？我是代表自己還是所有女性呢？』妳得一直背負著這些干擾。」

貝瑟妮努力提供回饋意見與分享數據來改善整體環境，但也隨時戰戰兢兢防備著意想不到的問題，「我提供回饋時比較直率，而且盡量以數據來證明，但我也會表現出善意，例如『不知道你有沒有意識到這件事，但這件事可能讓人有什麼感覺……』一般來說，大家都滿接受這樣的表達方式，但還是必須謹慎，不能讓人覺得是『一點小事都要抱怨』。」貝瑟妮覺得她可以開口談這些事，是因為她的工作資歷與任期很長。「我每次都會先問自己：這問題值得我處理嗎？」貝瑟妮選擇只為那些值得的事情去奮鬥。

代表他人 Representing Others

女子推動環境變革的方式之一是幫助他人。女性會以個人或群體的身分支持彼此，所以必須有更多女性擁有權力的地位。每位女性都可以在自己的職業道路上幫助無數的人。根據1980年代，美國陸軍軍官學院（United States Military Academy）在西點軍校課程的研究（特別選擇這個年代的例子，是因為在出現網路與學校政策變革之前，最主要的制度是隔離），指出增加班上女同學的人數，能明顯提高女學生的畢業率。具體來說，在入學第一年的群體中，女性比例若較高，女學生則有83%的機率繼續升學；而在僅有一位女性的群體中，繼續升學的機率則是55%。[28]

喬治亞（Georgia）現在的團隊中還有另一名女性，她發現這帶來很大的轉變，尤其他們公司的執行長也是女性，願意致力聘用和支持其他女性。「我覺得如果你的高層主管是女性，就會有更多女性加入，這會鼓勵其他人，讓人覺得這是個適合她們工作的環境。」喬治亞覺得這對她所處的行業來說很重要，因為她們必須做出多數人樂於接受的決策。「我們經常必須做出重要的決定，因此在場的人是誰、說出他們的意見與看法都很關鍵。在這樣的狀況中，我都會發現自己是唯一的女性，或是唯一來自南方的人，不然就是唯一有信仰背景的人，其他人可能是唯一的回教徒又或是唯一來自東南亞的人，而我們團隊中最知名的課題之一，就是讓其他不同背景的人也能共感。」重要的是能夠讓一起參與討論的成員保持多元性，這樣便能反映出更寬廣的世界。這會影響決策，同時也是科技業的責任，因為我們正在為下一個世代打造新商品。

身為領袖的克莉絲坦認真地以建立多樣化的團隊，以及打造能夠支持員工的環境為要務，「多元化的團隊能帶來最好的成果，我所看到的研究結果也證明這一點。」克莉絲坦以一句話：「我試著帶來改變」來表達她如何透

---

28 Huntington-Klein, Nick和Elaina Rose，「西點軍校研究顯示：女性如何互相幫助、共同進步」，《哈佛商業評論》，2018年11月26日。https://hbr.org/2018/11/a-study-of-west-point-shows-how-women-help-each-other-advance

過聘僱與推薦，來打造團隊多樣性，不過這也可能表示她的團隊仍是一個孤島。克莉絲坦發現有時候在管理層同儕之間反而比較難推行多元化，情況會根據組織而有所不同。「但如果是由我建造的團隊，多半都挺多元的。」

艾美也認為自己的職責是支持和幫助他人，而她也喜歡扮演這樣的角色。「在外面工作時，身為科技業裡的亞洲女性，大家都覺得妳應該表現優秀，我覺得我在組織裡帶領全球創新的工作做得不錯，能為人們帶來希望。而我身上也帶著明顯的性少數群體色彩，公司裡有些實習生會跑來跟我說：『看到這樣的事我很開心，讓我覺得我也可以在這裡工作。』」

蘿芮（Laurie K.）談到她的行銷職務讓她有更好的機會思考這些問題，「我們舉辦過一些活動，收到觀眾回饋意見之後，發現列席最後討論的都是男性。」不過深入思考之後，「那些男性就是實際上參與產品工作的人，完全不是刻意安排。」針對為何公司裡發生這樣的情況和潛在文化性議題，我們開始進一步探討。蘿芮期待自己可以讓公司對人性和情緒更加敏銳，並接納和幫助更多女性在產業中留下，這個念頭是受到她個人經驗的啟發。蘿芮最初因為公司的一次收購而加入工程團隊，之後她發現銷售單位的外向與友善氛圍更適合她的文化背景，因此儘管蘿芮在工程端有機會參與更加有趣的產品，她仍選擇了業務團隊。「工作把我歸類到這個職位或單位……我和經理討論了一下，她覺得：『或許這是妳期待的改變機會。』」

還有一位受訪者提出例子，她注意到活動規劃的侷限性。在團隊領袖活動中受到邀請的主要是男性，而每位獲邀的領袖可再邀請另一位較資淺的領袖參加，因此只有單身的女性領袖會帶資淺女性領袖參加，這位受訪的女性主管當時聽到這個方式時很訝異。然而，她在最後一刻被邀請參加這場活動，但這其實也不盡然是好事，因為她必須推掉原本安排的私事。「我就看著我老公，對他說：『我得去是吧？』他說：『妳得去啊！總不能點了炸彈又不扔出去吧！』」於是她變更行程、更改航班去出席這場活動。身為少數女性受邀者的使命感，讓她犧牲了原本的私人活動，但她還是很慶幸能夠為領袖團隊的未來帶來改變。

以行動發聲 Voting with our feet

我自己也數次因為成長受限、冷漠文化或領導階層的問題等，而必須在工作上做出離職決定。在職場中留任並作為表率，這件事確實佔了我們職涯的大部分，但「選擇離開」這件事也同等重要。雖然離職看似是一種逃避，但這個選擇本身同時也是一種聲明。2014年Glassdoor徵才調查中顯示，67%的求職受訪者表示，對他們來說，員工的多樣性是評估公司與職務時的重要因素。[29]如果公司團隊裡擁有女性或少數族群，便能夠促使求職者進一步謀職與評估團隊價值。因此我想特別強調，如果職場問題無法以其他方式解決，而且妳的健康、情緒與身體已經受到負面影響時，那麼就應該考慮離職。

黛安分享了職業生涯中的一個重要挑戰，就是找到自己可以好好表現的地方，「在很多職位中，妳必須要成為特定類型的人，才能超越或成功。」我詢問黛安對她來說，這個問題與性別有關嗎？她回答：「當然。」黛安提起大學畢業後加入的第一間公司，她的所有上司全都是男性，她所在的團隊中所有成員也是男性。「我經常覺得他們說的是一種我不太理解的語言，我會問：『你說這些話是什麼意思呢？』而後當我用類似的詞語重複給他們聽時，他們卻看著我，一副我在講外星話的樣子。」開會時，有時需要使用某些諮商領域的用字，例如協同效應，但黛安記得有一場會議裡，一名男性提到了「testicular fortitude[30]」來催促大家趕快做出決定，「所有人都一臉『什麼啊』的表情，然後開始注意聽那個人說話。」

黛安有個很經典的經驗：「我的某個構想沒有獲得肯定，但另一位男性同事提出一樣的構想卻受到青睞。」當時黛安在印度管理廠商團隊，「我提出調整每個人上班時間的想法，這樣我們每天對外接洽的時間就能更長。我把想法告訴經理，他說：『不太合理吧！我們現在這樣就很好了。』一個月

---

29 Glassdoor，「求職者對公司的多樣性和包容性的真實想法」，2014年11月17日發佈。

30 「testicular fortitude」是一個俚語，用來形容在面對困難、危險或具有挑戰性的情況下所展現出的勇氣、毅力和決心。這個詞組中的「testicular」源自於男性睪丸（testicles），在俚語中被用來代指勇氣和決心；「fortitude」則指的是堅韌、剛毅。

後，同組男生提出同樣的構想，經理卻說：『這個想法很好，我們應該這麼做。』」而當黛安向經理追問這件事情，他卻說因為那個人把這個概念詮釋得更好。「我就想，詮釋？什麼意思啊？可以幫我詮釋一下你說的話嗎？」

黛安對此事很困惑，也試圖調整自己的溝通方式，但一直沒有什麼效果。「我試著調整自己，按照我覺得大家會喜歡的方式來融入其他人，但這好像讓狀況變得更糟。」黛安覺得現在的自己可以處理得比以前好了，「我現在已經擁有一些技巧，可以在那裡混得不錯，但當我是剛畢業的新鮮人、剛擁有第一份正式工作時則並非如此。」

後來黛安決定離開那裡，並在新團隊裡得到接納。「我發現大家真心在乎我的想法，不會說我太情緒化，也不覺得我只是在模仿所看到的事情。」黛安覺得要不是遇到了好的經理和團隊，她也無法有優異的工作表現。現在的她甚至會調查共事的跨職能團隊是否具有成員的多樣性，不然她可能就會採用自己的方式來進行工作。工作下來的幾年經驗，讓她知道自己需要的工作文化，並且明白「我在那間公司受到的評價不僅是我的經歷，更是女性們在職場的遭遇。」

喬治亞也經歷過類似的覺醒過程，當時她任職於兩個截然不同的團隊，負責接洽傳統電信業與工程公司，「我記得在很多次和廠商及第三方的會議上，只要我走進會議室，大家就會預期後面還會有一名男同事走進來，他們會等著這個人進來再開始會議。假如我進會議室就直接開始，他們好像無法理解為何由一個女生來做這件事。」當時這件事並沒有讓喬治亞選擇離開公司，但喬治亞在目前任職的團隊中感受到與之前極大的差異，並且感到欣慰。在她現在的職務上，喬治亞總是因為「有太多女性主管而感到震驚，甚至需要強迫自己停止驚訝。」

越界 Crossing the line

騷擾與不當行為是嚴重議題，也有處理這方面議題的專家。為符合本書的宗旨，在此我簡單地設定界線，如果有人越界，女性們不該認為自己有責任去處理和負責。metoo運動已經讓「對女性的肢體暴力及傷害」被攤在陽光下，我們也認知到多年來女性所面對的各種灰色地帶戲弄，例如取綽號、冒犯人的玩笑、威脅傷害身體等等。如果妳正遭遇職場暴力或騷擾，請盡快向相關管道求助。

這方面的故事我收集得不多，因為這不是我訪問女性職涯的重點，許多女性也直接表示她們在科技圈的經驗沒有這麼負面，覺得受科技圈的文化所保護。其他人則暗示這類問題不是她們職涯故事的重心，我也沒有開門見山提問相關的事。因為我的書主軸不是騷擾，而是女性如何建造自己的事業，所以我換個方式提問：「你在工作上曾經遇過騷擾嗎？」有些受訪者會和我分享自己的經歷，但因為故事涉及他人，她們同時也要求我不要對外透露。儘管我們盡可能去面對這個主題，但這個議題本身就會觸動人的脆弱，而且女性仍然對於分享這方面的經歷感到不安，擔心收到負面回應。因此，我以完全匿名的方式分享其中的一些片段。

有一位女性分享說：「我在多個場合都遇過騷擾，而我們無法以同樣的方式反擊那些說著『我以後都不知道該如何與女生交談了』的男性。明明在我整個人生中和其他人出去喝酒都玩得很開心，這就是我們下班後做的事情，沒有任何問題。然後為什麼你要說些糟糕的話……」我想，幸好我遇到的人資主管都很優秀，但發生這些事仍然讓人沮喪，我們得決定是否對這種事做出處理，而必須去提出證明、一遍一遍講述那些騷擾的過程，就像是在表達『喔對，這真是件糟糕的事。』我只想要好好工作而已。但我認為想要好好工作，不必擔心遇到騷擾，這件事本身就是挑戰。」

另一位女性則認為自己非常幸運，因為她的直屬主管與副總裁都是女性，但她確實也遇過一個揮之不去的事件。「我獲得升遷機會，但我一直考慮是否應該向上級報告我所遇到的騷擾狀況，因為我很害怕報告這件事將讓一切告吹。」這位女性最後仍獲得升遷，其中一項升遷理由是因為騷擾她的主管給予她正面的績效評價。「我覺得自己應該是做了正確的決定，我為了升職而掩蓋這件事。」

然而隨著時間流逝，這位女性反覆憶起當時。「我不斷帶著罪惡感懷疑自己，覺得我逃避了應負的責任。雖然當時的情況對我來說有利，但我卻沒有用任何有意義的方式去面對那個人，讓他知道『不好意思喔，我一點興趣都沒有，你這樣很糟，而且這有關利益衝突，因為你要評價我是否能夠升遷，我又需要你給我正面評價，現在這麼做真的完全不適當。』」這位女性懷疑自己當時是不是做錯了，「我是不是沒有對身為女性這件事負起責任，特別是在這樣對自身利益可能有害的環境中。」現在想到這件事，她還是覺得掙扎：「雖然過去很久了，但那個男人卻好像仍坐在我面前。」她仍思考著是否要透露和這位男性發生的事，以及揭露他的不適當行為。

另一位女性則回顧了在一間以男性主導為組織文化的機構中。「在那裡，我覺得從前擁有的一席之地消失了，我在那裡有數不清的時刻不被尊重，我覺得是因為我是說話好聲好氣的女生，這是我的弱點。」此外，那裡的公司文化允許粗野的作風，這位女子形容那裡是「好鬥、令人窒息、狗咬狗的世界」。「那裡使用侮辱性言詞的狀況也很嚴重，有些團隊裡的同仁不願意被調到某些辦公室，因為不想淪為被人叫罵的對象。」這名女子向經理反應，但是沒有什麼幫助，因為經理本身也是「極其無禮的人」，而其他人似乎默默接受這種公司文化。「他們就是這種人，你無法改變什麼。」這樣的事讓人很難接受，特別是當時她覺得需要保護自己的團隊，但最終這位女性因為這些讓人無法接受的情況而離開了公司。

以這樣沉重的主題結束本章不是容易的決定，但是當我們探索自己的優勢時，承認我們的弱點也很重要。在我們探索科技圈裡的女性之際，我也嘗試並列優缺點來尋找平衡，在看見事物的本質、打造我們的能力以及不停處理的狀況與環境之下，我們繼續邁進。接著來看一個我覺得很迷人的主題：女性的討喜與否。

2-2 討喜與否

The Likability Problem

——女性們的成功與好感度，是否就像魚與熊掌，永遠無法兼得

我超火大。

我對我們的高層主管很生氣，所以迅速擬了一封信來表達他們怎麼辜負整個團隊。後來，有位女主管一遍又一遍協助修改這封信，信中的文字情緒逐漸冷靜下來、邏輯清晰，甚至看起來就是一封可以寫給高階主管的信。但在我的初稿裡，我的失望非常明顯，因為我們已經盡了最大努力，卻仍然無法擁有決定決策的位置。唯有在那個位置，我們才能影響他人，總結一句話：「我們太乖了。」

那時的我沒想到那句名言：「安分守己的女性很少創造歷史」。那時的我只想到我很聽話，做了該做的事，保持親切友善，而且支持主管（剛好在這個例子裡的領袖都是男性），但他們卻從來不讓我加入任何投資決策會議。多年來，在那些會議裡，這些領袖們顯然一再做出錯誤決定。我不是超級英雄，也不覺得如果我在會議裡，就可以扭轉所有錯誤，但是無法參加會議表示我根本毫無權力去做出影響，因此我對自己非常生氣。

刪掉信中「很乖」這句話是正確的，因為內容鏗鏘有力又務實，所以讓我們可以獲得接受與認可。不過，扮演乖女孩的疲憊感沒有消失，因為女性領袖與乖女孩的形象，相互衝突。我要怎麼直率而不直接？我必須要親切友善，因為大家不喜歡機車女，但又不能太友善，因為乖女孩總是吃虧。要看起來專業，因為外表很重要，尤其對女性更是如此，但又不能太過專業，因為矽谷流行簡單俐落風格。會議裡要產出完美簡報，這樣我的提案才會獲准，但又不能看起來太會做投影片，不然大家會覺得我好像只擅長這種低層

次的事。我又該如何在沒有權力的狀況下發揮影響力？如果做得太好，大家是不是就不會感受到我的貢獻了呢？

一遍又一遍地問自己：我是不是表現太優秀，以至於根本像是空氣沒人發現？而當我們像空氣一般不被看見時，權力又在誰手上呢？

對女性來說，事業成功與好感度的關聯不是什麼特別的新聞了，雪柔桑德伯格（Sheryl Sandberg）在她的著作《挺身而進》（Lean In）中也討論了這個主題，女性在職場的狀態有正面也有負面。知名研究員瑪麗安庫柏（Marianne Cooper）在《哈佛商業評論》中發表過一篇文章，「女性領袖的好感度與事業成功不太能夠兼顧」。瑪麗安提出了心理學家數十年間的研究，發現女性為了事業成功所做的事，會讓她們面對特別的社會性處分，例如：「在工作中因為傑出表現而獲得掌聲的女性，也會在成功後因為『太具侵略性』、『只想著自己』、『難相處』以及『折磨人』而被討厭。」

「好感度」這個概念存在已久，影響著在職場中的女性與少數族群，特別在近期的政治選舉活動中也受到強調。男性可以同時擁有成功事業並討人喜歡，因此他可以只專注在自己的利益上，而女性卻幾乎不可能擁有同樣的處境。新學院（New School）的歷史學教授兼《公共研討會》（Public Seminar）雜誌的執行編輯克萊兒邦德波特（Claire Bond Potter）曾提出這個問題：「假如我們重新定義一位候選人需要的『好感度』要素呢？讓女性不再努力符合一套根本不屬於她們的標準？假如我們更專注於好感度的本質：不是一個理想酒友，而是一個你可以信任、共事的人？」[31]

儘管這個困境看似難以突破，但我們仍可以賭上一把，透過反覆的試驗或是忍耐，找到在典型社會規範之間生存的方式。

---

31 Potter, Claire Bond，「男人發明了『好感度』，誰會受益呢？」，《紐約時報》，2019年5月4日。

舉個例子，大家都期待女性是為了群體而作為，並且透過融入群體來實現她們想做的事，只要她們的努力與群體需要相關，女性就可以兼顧成功與大眾好感。換句話說，女性的作為不僅是為了個人利益，還要兼顧別人，[32] 因此如果我提出薪資問題不僅是為了我個人，更是反映出女性群體的問題時，我會覺得自己更有立場，也覺得自己必須為了更大的群體來爭取利益。

喬安威廉絲（Joan C. Williams）是位法律系教授，同時也是《在工作中對女性有幫助的事》（What Works for Women at Work）一書的共同作者，她敘述「翻轉女性刻板印象」能夠帶來很大的優勢和力量，[33] 例如「權威與溫暖」的結合，像是在重大會議開始前，先分享一些個人經歷，讓別人先透過個人角度認識妳，然後再偶爾展現強硬的一面等諸如此類。如威廉絲女士所提到的，做出調整需要付出努力，所以對必須這麼做的女性來說不見得公平。

討喜的女子 The likable woman

雪莉如果可以改變科技圈的某件事，那麼她會選擇改變「女生需要討人喜歡」這件事。「如果有空間讓我們不用一直維持某些狀態那就太好了，像是有些日子我可以很討喜，有些日子可以不用，因為實際上我必須要一直符合某種狀態才可以繼續生存。」雪莉的觀點也給同樣身為女性的副總帶來影響，「她一年前才升上副總，我也在她身上看見很大的努力，或許她一直對私事比較開放，但是她開放的程度非常令我訝異，我甚至覺得是因為她那麼親切地對待那些資深員工，才擁有現在的位置。」所以雪莉提出這樣的問題：「如果是不同個性的人，會有這樣的成功機會嗎？」

雪莉之前的職務是負責管理軟體發布，確保工程師在軟體推出前修正關

---

32 Heilman ME, Okimoto TG.，「為什麼女性會在男性的成功中受到懲罰：隱含的公共性缺陷」，J Appl Psychol. 2007年1月。https://www.ncbi.nlm.nih.gov/pubmed/17227153

33 Williams, Joan C.，「女性如何擺脫好感度陷阱」，《紐約時報》，2019年8月1日。https://www.nytimes.com/2019/08/16/opinion/sunday/gender-bias-work.html

鍵的程式錯誤，雪莉覺得「我像是和團隊唱反調的角色，但我其實是非常團隊導向的人。」雪莉立刻明白如果想要成為團隊中的一員，那麼她要非常討人喜歡。儘管雪莉在這方面很成功，她卻仍覺得自己一直在扮演別人，「我覺得自己不太真實，但是想要成功完全沒別的方法。」雪莉也曾經觀察一位嚴格形象的男同事，但是她覺得身為女性，採取相同作法大概不會很順利，「假如我想要表現嚴格一點，多半會很難，而且成效大概只有一半。」

梅（Mai）也遇到過類似的處境，「有次出席主管會議，作為嬌小亞洲女性的我對某件事慷慨激昂，那時可能是在發表有關多樣性的話題，並說到某些笑話並不好笑，而我應該不是唯一這樣覺得的人。執行長的態度卻是『哇喔！這資訊量很多，先整理一下吧！我們沒辦法消化。』」梅其實知道背後的原因，「因為我沒有表現得像個嬌小服從的亞洲女性，就像只要男生一說話，我就得拍手說『嗯嗯，說得真好。』」最後，梅覺得應該歸因於他們對她的錯誤期待，「他們覺得很難將我的想法和我的嬌小形象連結在一起。」

駕馭情緒 Navigating emotions

潔美（Jamie）則是注意到自己的溝通方式，「特別是身為資淺工程師，在會議中我表現得很迫切，因為希望其他人可以理解我的想法，但最後總是灰頭土臉。我雖然不會嚎啕大哭，但總是感到洩氣，因為我知道自己在說什麼，但是沒有人在聽。」潔美決定在會議裡少說話，並採用其他管道溝通，例如文字，但是以她現在的主管職務來說，這樣溝通是不夠的，因為她的團隊成員分布於不同分公司，她有時會意識到成員們的資訊不同步。「很多時候我覺得自己像壞脾氣的老先生：『滾出我的地盤！』、『你幹嘛這樣做？』、『這一看就是錯的，是超明顯的錯誤，更明顯的是你應該要知道這是錯的。』」潔美知道大家搞不懂她的這些反應，於是她主動去了解如何調整問題並優化溝通效率，「這樣我就不需要使用強硬、大聲、傲慢的態度去進行溝通。」

潔美說，努力改善溝通就像是「無止盡地走鋼索」，而她現在也擁有幾位可靠的員工，可以給她即時回饋。「如果我只憑自己的第六感，少了其他人的想法，我可能會偏掉，可能會過度溝通，然後強迫大家一起待在不想待的會議裡，或是因為溝通不足而覺得所有人都是笨蛋——我不是有意使用這麼強烈的字彙，不過我的意思就是這樣。」我問潔美是否認為這與性別有關，而她思考的是「假如我是一位男性，大家會覺得我講話太大聲嗎？太傲慢嗎？大家會給我改善建議嗎？」

在潔美大學時期，一門課有55位工程師，其中只有五位是女性，女孩們自成一個群體，以「確保我們五個人都能隨時有最佳表現」，這不是因為仇男，而是「擁有合理人數讀書小組的簡單方法」。不過像其他人一樣，潔美也承認進入工程領域是因為比較喜歡和男生待在一起，「我覺得男生比較像自己人。」潔美是直到開始管理其他工程師時，她才開始關心性別平等，「無論是我和其他主管並列時，人們如何看待我，又或是在衡量我的團隊成員的時候，都會考慮到性別。」透過關心別人的職涯發展，讓潔美對性別偏見這件事更有意識。「以前有位專案的技術銷售人員是個男生，認識他時我還是菜鳥，但我知道他在會議上出錯，所以我也不讓他在會議上輾壓我。在會議結束後，他跑到我的辦公室，戰戰兢兢地問我：『妳在生我的氣嗎？』我說：『沒有，假如我剛才很討人厭，非常抱歉。』他卻說：『好，但是妳在生我的氣吧？』在他問到大概第五次『妳是不是在生我的氣？』時，我說：『我開始生你的氣了。』我事後才理解，這次的事情讓他感覺像是他的太太或媽媽在生氣，而他不知道如何以工程師的身分回應我。即使是那個時候，我也沒有意會到這一點，直到有人說：『他會這個樣子是因為妳是女生。』」

女性試著回應時，通常會帶來兩極化的結果，蜜雪兒沒有特別因為身為女性工程師而被排擠，但她確實感覺「對女性的評估程序真的嚴格很多」。她注意到在同樣的績效評估裡，有人會說「蜜雪兒很難相處又很自私」，也有人會說「蜜雪兒需要多發言，說出自己的意見，而不是隨時考慮他人。」這些互相矛盾的意見常會讓她覺得做什麼都不對，「我不可能同時做到這兩點吧！我不知道該怎麼看待這些矛盾的意見，也不知道該怎麼去改善。」

蜜雪兒注意到男性在處理這件事的態度與女性完全不同，「我與男性朋友聊過，跟他們比起來，我對自己的名聲超有自覺，比如知道誰喜歡我，誰又不喜歡我。」蜜雪兒其實不想要在意這些，但她發現在很多情況下，她的好感度與名聲會帶來很大的影響。

不討喜的工作 The unlikeable job

喬治亞在大公司擔任資遣名單的決策者，她也因為這樣不討喜的角色而倍感壓力。「讓我感到困難的是這些人我都認識，是我的朋友，也是我喜歡的人，我們都是同事，我還聘用了當中大部分的人，與他們並肩工作。我怎麼能夠坐在辦公室裡，決定要資遣誰？甚至我沒有受過這方面的訓練……我喜歡我們一起成就的一切，這對我來說都不只是一份工作而已。」喬治亞覺得要放下個人情感來做這件事很困難，但她又得做出正確的決定，整個過程都讓她感到痛苦不堪。

喬治亞不認為這些心態與她是女性有關，「我很有同理心，所以覺得這種事對我來說可能特別困難，但跟『我是女生』這件事無關。從我的角度來看，雖然我見過能夠根據績效來務實處理這種事的人，但我知道我的決定是會關乎別人的生活、家庭，所以要我把這些層面分開真的很難。」儘管如此，喬治亞覺得職場中有一群女性同事，能夠幫助她在這種困難處境中堅持下去。「有一群女性，她們沒有對我的情緒做出指責，甚至還幫助我理解這些複雜情緒都是正常的。」喬治亞也覺得有這些人的陪伴，讓她盡可能地做好自己該做的事而不失控，以確保工作的進行，並且也為受公司縮編影響的人發聲。

為自己站出來 Standing up for yourself

60多歲的吉妮回顧過去職業生涯，她很開心地說自己從來沒有關心過「好感度」這件事。吉妮分享了一個故事，是關於在一間獵才公司的第一年，她和一位客戶通電話，同時在場的還有一位顧問和兩位資淺同事。「我的顧問同事是男性，他在電話上說明了一件事，我也以我的方式做出相關補充說明，結果當通話結束時，這位顧問大發脾氣地對我說：『妳頂撞我。』我和另兩位資淺同事一頭霧水的呆滯在現場，那位顧問卻說：『你們全都出去。』」吉妮那時候是充滿自信的30多歲年紀，「我那時已有三間大公司的工作經驗，所以我把門打開，讓資淺同事出去後把門關上，自己留在辦公室裡並對顧問說：『我要留下來，因為我不知道發生什麼事。』」顧問表現出一副很不屑的態度，吉妮便開始說：「我不明白自己做錯了什麼，而且顧問的工作不就是提供解決方案和指出問題嗎？我沒有頂撞你。」這位顧問向她道歉，吉妮才明白這些情緒反應的是他自己的問題，而不是她的問題。後來這位顧問成為吉妮的合夥人，支持她打造多樣性制度，之後吉妮也成為公司董事長。「不能說我們是好朋友，但是我們非常尊重彼此。」

吉妮的結論是「有些狀況是你得要明確表態：不行！我不會讓你操弄我。」雖然吉妮知道這件事本身很難，但她認為作為女性，必須為了不該承受的事而挺身站出來。「相信我，我也曾經歷過因為不想開口，或是覺得好像不該開口而被當成空氣的時候。」有時候那其實並非是因為恐懼，更多是因為我們的假設。「因為男性們自有一套指揮原則或是專業度，所以你會認為他們說話是那麼有權威感。」吉妮很慶幸自己已經60多歲，可以欣賞「自己是誰、有多麼不同、自己的看法有多珍貴。」她回顧母親的一句話：「『你不一定會喜歡我，但是你一定會尊重我。』比起受到喜歡，這更是我一直以來所追求的。」

適得其反的同理心 Destructive empathy

奧莉薇亞（Olivia）則提出了同理心太強又太討喜的負面效應。「我總是太有同情心，對我的下屬更是如此，會一直為他們的失誤去找理由，但是我願意為我的團隊做的事，我的經理絕不會為我做。」奧莉薇亞把這個稱為「適得其反的同理心」，因為這麼做之後，團隊會開始占她便宜。其他的缺點還有「你的領袖團隊覺得你人太好了」，這會讓奧莉薇亞被認為沒有把業務放在首位，這項意見也出現在她的績效評鑑中，建議她多注重業務表現。兄弟姐妹裡排行中間的奧莉薇亞具有討好他人的個性傾向，團隊中有組員發生人際或家庭問題時，她自然而然會察覺到，而觀察到這種事會讓奧莉薇亞更能同理他們表現不佳的原因。無論如何，最終工作還是得完成，「作為領袖，如果一直為團隊收拾善後，總有一天會出問題，而我的下場也是如此。」

奧莉薇亞主動面對這個問題，但她不確定自己是否已處理好。「我試著『無情一點，商業一點』，後來我變得更強勢、粗暴，但我的態度也一直來回搖擺，我覺得同時扮演『判官與導師』這件事很難，大概也不會有找到平衡的那一天。」

你先請 You first

就「好感度」這件事來說，我覺得最危險的是，它可能迫使我們放棄為自己的事業發聲。當我們顧念他人之際，想到自己並尊重自己是很重要的。

安妮喜歡在科技圈裡創造新事物，「從頭開始打造一間公司，發表有影響力的意見，不管是產品、流程、數據組合、團隊或是別人的事業，都可以在其中找到獨特的地位。」同時，安妮也提出將自己放在首位的想法，「我覺得這個概念會給女性及少數群體帶來衝擊，就是我們必須把自己放在首位，因為處於初創階段的科技公司通常不會鼓勵你成長。」安妮強烈建議：「假如你想要在會議上有一席之地，就去爭取它吧！如果你對某個決定有意見，那就說出來吧！當然不是說我們不用當好同事，或是不要按照公司價值把工作放在首位。只是在這種結構下，自信和首創精神在科技公司的初創時期都很被肯定，除了為了你自己的事業與團隊做這件事，在必要時也為了自己而做。」

莉絲在探索職涯時也發現同樣的事。「從30多歲就一直很樂觀，相信擁有技術專業的世界就是菁英制度，不過我現在不這麼認為了，因為只要涉及種族與性別，我們的世界就會很複雜，所以我們必須知道這是一場競賽，實力只是其中的一小部分。」莉絲認為女性可能會因為情感豐富而忽略關鍵因素，「我覺得女生因為太有專業，或覺得能力就是關鍵，因此便以為這是影響職涯的唯一因素。」莉絲在帶領年輕女性時會這麼說：「工作不只是工作，工作從來都不只是工作。」這說明我們想像中的工作，不同於實際上必須承擔的事。

在和珍妮佛聊到我作為非傳統背景的科技圈資深人士之後，我也問她怎麼處理這些問題。珍妮佛和莉絲的想法一樣，她立刻搖身一變，成為強勢的女強人。「我非常清楚自己的界限，我能夠來到現在的位置，是因為我知道自己的價值，並且能夠與最棒的客戶合作，這些公司通常很注重多樣性，他們不介意我是單親媽媽，並欣賞我的工作步調和專業經驗。」珍妮佛的強硬作風為她帶來很好的結果，她覺得「在溝通裡變得很正常，不需要為我的外貌和年長道歉。」而且珍妮佛總是優秀且持續地發揮自己累積的領導實力與溝通經驗：「喔！你們太幸運了，我以前也碰過非營利的董事會，所以我知道該怎麼做！」

蘿莎琳（Rosalyn）提到關係的建立，對女生來說，好感度是關係中更加重要的因素。「我多年經驗獲得的啟示，就是你會找到經營友誼與盟友的方法，這些正是能夠幫助我們渡過難關並邁向成功的因素。」蘿莎琳說，在茶水間對大家親切微笑就是一個例子，「可能是不認識的人，結果剛好是位上班族媽媽。」而這位上班族媽媽讓蘿莎琳能夠擁有喘口氣的自在空間，因為她們可以聊育兒，讓蘿莎琳暫時可以不必身處在27歲年輕團隊成員之間。」

建立關係可以幫助他人更認識我們，這樣一來儘管你企圖心旺盛，也不會被認為是個只想升遷的人。蘿莎琳引述亞當格蘭特（Adam Grant）對於好感度與成功的研究：「好感度與成功有時並不一致，這實在讓人討厭，但我們會看到這些例子出現……像是最聰明卻很不討喜的人，會讓你失去和同事合作或是交到朋友的機會。」具有企圖心的蘿莎琳，在她的職涯中必須隨時思考如何表現自己。「別人如何看待我們很重要，大家都在意別人對自己的看法，所以這點必須要謹慎，盡可能去取得平衡。」

時間一長，我也默默接受「必須討喜」的要求，但我也為此設立底線，像是我不會期待所有人都喜歡我的決定，但我的目標是多數人能夠同意。與其把好感度當成責任與負擔，我決定享受這件事。這樣的話，我需要什麼呢？就是我的幽默感。我的兄弟是個幽默且擅長諷刺的男生，他很久以前就教過我，搞笑比嚴肅更有用，所以我一直謹記著這個教導，經常用輕鬆的方式來介紹困難的議題，例如當我是唯一出席會議的女生時，我會說「我猜我是今天的女性代表吧？」但這對所有人都有用嗎？其實沒有，並非所有人都適用幽默感，但幽默感對我來說是效果最好的方式，希望本書中的小故事可以提供讀者一些嘗試幽默的靈感。

接下來讓我們以類似的概念去看不同的議題，下一章將探討另一個黑暗且有趣的問題：女性之間為什麼有時候不會互相幫助。

2-3 地獄裡的特別座

The "Special Place in Hell" Question

——女生不幫助女生！那些科技業女性的經歷、期待與需要的黑暗面

美國首位女國務卿瑪德琳歐布萊特（Madeleine Albright）有句名言：「地獄裡有個特別的位置，專門給不幫助女生的女生。」這是瑪德琳為總統候選人希拉蕊柯林頓站台時，所說的金句，在那之後傳遍街頭巷尾。後來，瑪德琳在《紐約時報》社論專欄[34]以「我不聰明的時候」一文來說明她的這番言論：「在社會中，女性經常因為彼此傷害而感到壓力，因此幫助彼此則是我們得到救贖的時刻。」就希拉蕊柯林頓在2016年競選總統的選舉立場來說，她的意圖是為女性發聲，並且提醒岌岌可危的女性地位。「讓人擔憂的是，假如我們對這段歷史不夠注意，我們可能會失去之前辛苦奮鬥的成果。我沒有能夠幫助每位女子好好生活的神奇公式，但我知道我們必須幫助彼此。」就連提出以上這樣的看法，都會讓人覺得不太討喜並且需要澄清，所以擁有權力的女性想要幫助其他女性的時候，經常會面臨困難。

人性 Human nature

某天的午餐時間，我告訴年輕同事自己正在撰寫這本書，她積極地靠過來問我：「那妳會討論女生之間不互相幫助這件事嗎？」這不是我第一次被問到這個問題了，事實上因為我覺得這個問題太迷人，所以早早就把這一章規劃在我的書中。

34 Albright, Madeline.，「瑪德琳歐布萊特：我不聰明的時候」，《紐約時報》，2016年2月13日。

這個話題乍看之下好像是充滿心機陷阱的女性職場鬥爭，但我發現這個話題其實讓人不安又潛伏危機。電影中對這種場景的描繪經常是一種散發魅力的敵對場面，例如經典80年代電影《上班女郎》（Working Girl），當中的角色穿著大墊肩衣服、職場充斥著陰謀氛圍，由梅蘭妮葛瑞芬（Melanie Griffith）所飾演的泰絲（Tess）以及由雪歌妮薇佛（Sigourney Weaver）扮演的凱莎琳（Katharine）爭奪著同一位男性和公司裡的女性權力位置。電影的元素包含性別歧視、騷擾、剽竊，甚至是服裝抄襲，不過結局裡聰穎甜美的泰絲成為贏家，她把女性對手踢出戰局，也贏得喜歡的辦公室位置，並在最後一幕中，泰絲分享著勝利滋味和善待她的秘書。不過，現實世界沒有那麼的熱鬧有趣：**女生不會幫助沉默的女生，我們在需要彼此的時候，只是默不作聲，也不會伸出援手**。這是為什麼呢？因為大多時候，女生不只是彼此欺負而已。

人類因為生存的本能而產生鬥爭。在女性職缺稀少的地方（例如公司的董事會）和資源有限的情況下，我們都是會為了生存而競爭的動物，所以女性為了繼續生存，便會去爭取權力的位置。小清回顧自己的金融生涯，「那裡永遠都只有一個位置，所以如果有幾位女性一起出席，意思就是大家要競爭同一個位置。大家都心知肚明，但不會直說，所以女生們會彼此踐踏。」

倡導女生之間彼此幫助是一件很美好的事，但是當機會有限時，無論是否有察覺，我們最終都會因動物本能而彼此競爭。如果女性認為幫助其他女性，代表著犧牲自己的事業目標，這樣她們還會彼此幫助嗎？假如換成兩位男性，我們都會合理的預期他們在職場上劍拔弩張，但當主角換成女生時，我們就會期待她們相親相愛、彼此幫助的畫面，甚至覺得沒有互相幫忙很令人羞愧，這就是前一章裡所談到的好感度束縛。

女生應該彼此幫助嗎？當然了，因為這是我們能夠停止這種局面的唯一方法，就是不玩這種零和遊戲（zero-sum game）[35]，並藉由彼此幫助來增加

---

35 一種源自於數學的博弈概念（Game Theory），指當一方得益，另一方必然損失，因此雙方的總和永遠等於零。

女性在職場的權力位置。

針對團體中少數群體接納程度的研究中，儘管數字持續變動，但通常接納的比例約在25%至30%就是臨界點。在此之前，少數群體多半會因為身分刻板印象或作為少數族群的象徵而感到負擔，但是一旦達到數字門檻，這些少數人士便不再以少數群體身分代表，人們反而會以他們本身的貢獻度來評斷他們。[36]卡蜜舉了例子：「身為軟體工程師的我，曾經與兩個團隊合作，其中一邊的女性工程師佔了團隊人數的30%以上，另一邊的主管團隊也有30%以上是女性，在這兩個團隊中，我都覺得更有歸屬感，不會感受到那種典型歧視。」

有時我們必須超越內在的自我保護本能，藉由幫助彼此來增加女性在職場的權力位置，而這也是我們改變機會、改變機制的方式。我很欣賞這麼做的女性，因為這些事需要付出心力和勞力，而我也努力不去批判她們在過於疲勞而無法堅持的時候。我們得要在各種方面對彼此慷慨，不只是幫得上忙的時候，連幫不上忙的時候也是，這就是帶來改變的方式。

在「冠軍們」一章中，我將重點放在事業中發揮了個人影響力的男女性身上，而在這一章裡，我側重的是受訪女性的經歷、期待與黑暗面。

惡老闆 Bad bosses

黛安與我聊到她以前的女老闆。黛安舉例說，他們曾經一整季都獲得正面評價，但是黛安的績效評估卻是要求她應該完成更多專案，以及調整作為主管的溝通方式。這兩項意見都是黛安認為在事情發生的當下，就應該立即跟她建議，而非事後對她檢討。

---

36 Schaefer, Agnes Gereben, Jennie W. Wenger, Jennifer Kavanagh, Jonathan P. Wong, Gillian S. Oak, Thomas E. Trail, and Todd Nichols.，「群聚效應的結果：將女性納入海軍陸戰隊步兵的意義」，RAND Corporation，2015年。www.jstor.org/stable/10.7249/j.ctt19gfk6m.12

黛安覺得被「很基本的職涯發展要件」突襲了。還有其他類似的事件，像是黛安在會議中所說的話似乎被錯誤解讀，而她又是透過績效評估才知道這件事。「我覺得假如妳是我的主管，那就幫我找到可以發展專業的方式吧！」但相反的，這位老闆好像只是單純希望這些缺點永遠留在黛安的績效紀錄中。

黛安覺得這位女老闆「來自顧問圈，潛移默化了可能與她實際為人相反的男性作風」。克莉絲在訪問中也提到了類似的想法，「最近我遇到一些比我資深的女性，她們並非任職於科技圈，但我發現她們會關閉自己的同理心，因為這樣才能在男性世界中成功，但就我看來，我覺得她們關上的正是自己的超能力。不要這樣啊！我們不需要為了成功而像男性那樣。」

黛安雖然想要理解主管行為背後的原因，但她只看到主管是那種「不希望其他女生成功的女生」，黛安表示：「我因為信任她們，所以會覺得她們要爬上那樣的位置有多不容易。」但最終那位主管仍沒有保護黛安。所以現在的黛安都會很慎重地去認識自己所信任的對象，而不再單單因為對方是女性而信任她們。

事不關己 The uninvolved

艾美不算有被女生暗箭中傷過的經驗，不過她有個在政府單位工作的朋友，總是被交待做些像是幫老闆去洗衣店拿衣服、接小孩之類的雜事，不然就等著被炒魷魚。雖然世界上有很多惡劣的人，但艾美在組織女性團體時，所經歷到的無助算是比較好一點的了：那些女生不太積極，也不怎麼參與。艾美直言：「我沒時間去處理或是思考為什麼女生不互相幫忙。假如她們不想幫忙，歡迎離開，非常感謝，祝她們好運。」

彬姆（Beam）是一間大型科技公司的設計製作人，我問她有沒有自己的職場貴人，她回答「我覺得在事業裡遇到的多數資深女前輩，都不太會為我冒險，也不太會關照我，雖然還是覺得我可以信任她們一點點，畢竟她們是會跟我聊天的女生。」彬姆說有一次她被分配到不太符合自己才能的職務，她主動與總監討論，詢問是否還有其他機會。「總監在整段對話中都表現得很支持我，但結局是她並沒有要去具體處理這件事。」公司縮編時，彬姆的職務被刪減了，而這位總監完全沒有為她站出來，這位總監在公司裡既資深又有人脈，因此讓彬姆更加失望了。

但幸運的是，另一個團隊有興趣和彬姆共事，主動調整了職務，好讓彬姆可以獲得聘用。之前的經驗改變了她的想法：「這些日子一直戰戰兢兢，害怕相信了不該相信的人，而我也不會假設這個行業裡，有任何資深的女性會關照我。我在想，如果不想要幫助別人，為什麼要表現出關心的樣子呢？」這件事深深影響彬姆對別人和環境的信任。

默默捅刀的人 The quiet type

奧莉薇亞也注意到自己有不少微妙的經驗。「我要找個適當的說法……我遇過很多……而且絕對是歧視的狀況。」她記得有位同事在給她的績效評估裡說：「『她的溝通方式完全不是我的菜，但對她來說反正有用。』而這點被列在『優點』一欄，但這看起來一點也不像是稱讚。」

這種氛圍也影響奧莉薇亞尋找職務的方向。在申請工作時，奧莉薇亞發現自己已來到和她的女經理一樣的層級，「大家會試著不要因為來到同一個主管層級而把對方當作對手，但當我覺得自己沒有威脅性時，結果卻沒有獲得這份職務。我就會想，是不是因為對方把我看作競爭者了，是不是我令對方感到威脅，或只是因為有更好的人選，所以我才沒有拿到這個職位。」

凱莉覺得之前的公司文化讓人很煎熬。「我和會搥桌子的男生一起工作，不過其實和有些女生一起共事更困難，像是當時有位高階法務副總真的讓我嚇到，許多同事都不敢去她的辦公室，因為她會像被謀殺一樣大呼小叫。她沒時間理會任何人，而且她給意見時也都不經思考，例如『我才不要實習生，我不想訓練他們，關我屁事。』她只顧自己，完全不在乎其他人。」對凱莉來說，這是很難接受的事，因為「妳應該要支持團隊中的女性，保護並帶領她們，就算不想要一對一的帶領，也有其他的引導方法。」

快速暫停 A quick pause

看出我覺得這個話題很迷人的原因了嗎？就連在最後兩個故事裡，我們看待彼此的方式，都是「女性猜想著女性」，充滿沒說出口的問題，並試圖去解釋這個人為什麼會這樣做，想要找出好的或壞的動機。「一粒老鼠屎壞了一鍋粥」，就算這些女人是少數的例外，但也會讓其他女性留下深刻長存的壞印象，連帶影響其他女性。這種處境對女性來說實在太不好了，整體來說女性人數較少的產業中更是如此。

女性之間的氛圍充滿各種猜想，所以有些女生則會覺得男生比較直率。奧莉薇亞說：「多數時候你會知道自己的處境，像是做了哪些事或沒做哪些事，不同意誰的說法，原因是什麼等等。這些對某些男性來說，儘管我們意見不同，但還是可以友善相處。」萊雯（Rawan）的看法也很類似：「我的狀況裡有個很有趣的趨勢，就是我覺得來自男生的支持遠比來自女生多。我發現和男生合作、向他們報告容易多了，也可以比較直接、透明。」萊雯曾與男性及女性都發生過大大小小的關係問題，具體來說就是「對方把我當成下人」或是處理意見不合等問題。有次，萊雯為某個失誤而道歉，儘管她已立即承認錯誤，但在她與女性的溝通當中，這麼做還是不夠，而在男性的溝通中則相對簡單輕鬆多了。

更大的不利因素 The larger downside

我們與女性之間的關係，讓我們逃避與女性共事。萊雯的故事中充滿緊張感，「我之前的團隊裡，科技銷售人員全是女生，經理也是女生，而跨職能端的另一位經理也是女生，我起初心想『真是太棒了！』」而當萊雯實際加入團隊後，她發現大家都只是默默地在做自己的事。「大家都是雙面人喔！看起來友善又包容，接下來寄給妳的電子郵件卻寫著：『妳到底在寫什麼？』」這個經驗讓萊雯重新思考，自己再也不會把女性主導的團隊當成謀職重點了。「我參加過一大堆團隊的面試，現在假如經理是女生，我就會問自己：『我真的喜歡她嗎？現在我會仔細閱讀她們電子郵件裡的每個字，還有確認她們會不會回覆我的訊息。』」萊雯知道自己對女性的反應，也懷疑自己是否給男性找了藉口，但是萊雯過去不好的經驗，仍無法抹滅職場女性在她心中的負面印象。

最後一塊 Taking the last slice

希拉蕊是自家創投公司的顧問，我對她的觀點和視角感到好奇。希拉蕊說，她聽過不少女性說自己遇過最好的主管都是男性，女性則是「問題來源」，不過這些都不是她的經驗，「我遇到的男性主管超多，我想我有很多很棒的男性經理，但那都是因為他們很棒，倒不是因為女性經理不好。」

希拉蕊希望在職場中已有權力地位的女性能夠看見那些「尚未發光的明日之星」，並關心他們在職場的成長。通常已獲得成功的女性，最後都會成為公司的亮點（例如用以說明專案的機會與識別度），而有些表現優秀的人才卻不見得擁有這樣的光環。「我一再看到這些極為成功的女性被注意到，這樣很棒，她們也值得獲得注目，但我更希望這些女性能夠幫助其他尚未受到矚目的女性，引導她們為自己發聲、定位自己、讓自己發光，而不是反覆推崇或強調那些已經成功的女性。」

對於希拉蕊所提到的「為所有女性創造機會」，我連結了這個概念：「機會不是一個蛋糕，拿走一塊就少一塊，我們都是一體的。我不知道是否只有女性是這樣的，但是我覺得女生真的需要彼此照顧，不要覺得幫助其他女性，就是讓別人瓜分妳的能力與力量。相反的，彼此照顧只會讓我們的地位更強大。」

因此，我們必須彼此尊重，假如不互相幫助，將會損害整個女性群體前進的機會。當社會在衡量女性時，可能會根據衣著、帶小孩的方式、用什麼餵養孩子、工作到多晚、多早下班、是否在會議中發言、在Instagram的形象等等，這些都讓我覺得被操弄，社會將女性們放在這病態的遊戲中，讓我們互相阻攔對方前進。

總而言之，雖然我不覺得女生之間沒有互相幫助就會下地獄，但我認為女生之間不彼此幫助的話，會直接把我們的處境變成地獄，所以我們彼此幫助吧！就如希拉蕊在訪問裡說到的，「有很多具有強大潛力的女性，她們只是需要多一點愛和鼓勵。」我們可以是接收者和給予者，只要我們現在就開始採取行動。

在這些工作對談中，我也對我們的家庭生活很感興趣。不知道女生們是否擁有家庭生活呢？還是科技業已經聲名狼藉，逼著大家把全部時間都投入工作而放棄人生？女性是否在職場之外也獲得支持？還是獨自照料生活的各種不同面向？現在，讓我們看看更私人面向的主題吧！

2-4 生活與家庭
Life and Family

——關於妥協、犧牲，還有渴望獲得的支持，最後才能學會設立界線

長大過程中，我總是因為當乖寶寶而獲得獎勵。事實上，我的成就完全是表面的，像是如何表現自己、獲得好成績、長大後贏得升遷機會以及我的先生，這些都是可見的成功指標。後來，我也有了孩子，這也算是成功吧！直到2020年，女性開始擁有蓬勃的事業與熱鬧的商業發展，為什麼我卻覺得養小孩之後，世界突然就棄我而去了？

我有一張奇醜無比的照片，是經過長時間分娩、最終剖腹產後拍攝的照片。我半撐著身體，搖搖晃晃，照片裡還有我的先生和孩子，我的左眼已經垂到臉頰上，看起來像個累昏的妖怪。我叫先生把照片刪掉，結果他還把照片傳給我們的爸媽，現在這張照片被保留在好幾個家庭的相簿中。我問我媽為什麼把這張照片放進相簿，她卻根本沒發現照片裡的我看起來有多糟，因為我根本不是重點。

後來休完產假回歸職場，因為沒有提攜我的人可以為我推進或發聲，所以我根本停滯不前。在前一位提攜我的職場貴人離職之後，我花了好幾年重建工作，結果後來帶領我的另一位職場貴人又離開了。缺少了這些支持，我環顧四周，在某一刻我覺得世界似乎默默地認同我已經夠好了，我已經走到了我該前往的地方。

但這不是我的終點，我只有33歲！我想是當我有孩子之後，我才真正開始照顧自己，並且為工作設立界線。一切變得清清楚楚，我還有大半輩子要打拼，我可以自己選擇所發生的事，如果我不為自己爭取，沒有任何人會為我做這件事。

寫這本書的時候，剛好也在編輯一份標題為「和孩子一起寫書」的文件。我想要記住所有微小的片刻，不僅因為有趣，也因為這些時刻讓我驕傲。寫書的時候，假如孩子在身邊，我就會很開心，因為我喜歡他們看著我寫作，並問我關於訪問和女性的問題。11歲的孩子對於誰在訪問中飆罵最多次很感興趣，我也會在訪談錄音裡聽到我家娃兒的喊叫聲，甚至在訪談逐字稿裡還有這種句子：「嘿，這就是用微波加熱會融掉的那種包裝嗎？」、「我女兒想偷走我的手機。」有時候我必須暫停訪問來安撫我的孩子，很多時候我得在聽別人說話時告訴孩子：「冷靜好嗎？」而我最喜歡跟孩子說的一句話是：「你幹嘛鬼鬼祟祟又莫名其妙跑進來，我要把這個寫進書裡。」

有天晚上，我兒子堅持要在我熬夜寫書時，睡在我旁邊的沙發上，我想那就這樣吧，要在沒有孩子干擾的狀況下寫作，大概沒有更好的方法了。有時候我不想要躲在無人的地方，一個人奮力的寫作，我想要在我寫作時讓他們陪在我身邊，記得我是他們的母親。我的孩子對我的生活影響太大了，不只是因為他們哭鬧又要人照料，更是因為他們讓我發現生活的優先次序。

我決定讓「兼顧一切」這個概念成為我的人生方向，不是說現在就能兼顧生活中的所有一切，而是我會把人生分為不同階段來思考，並且不打算為孩子們舉辦精緻的生日派對，或是為他們手工縫製衣服，除非是我自己真心想要這麼做。我會像對別人付出一樣地也對自己付出，一場討厭的會議無法摧毀我的日子，因為會議一小時就結束了，所以我會把它拋諸腦後，然後過好我的日子，因為我必須這麼做。

和女生們坐一起聊天的時候，不用多久就會出現這種話題：結婚了沒、有沒有小孩、是不是妳負責家裡大小事等等。不管是哪一種，我們的話題都圍繞著身心健康、生活與工作的平衡等等，這些議題不見得與性別有關，但很多女性會覺得在這些方面感受到更多的責任與壓力，好像有更大的義務要在工作與生活中變得強大。我們自己承擔著照顧孩子的責任、擔任家庭運作的重要角色、背負著照顧他人的社會期許，同時我們還得養家，有41%的母

親是家庭中唯一或主要的收入來源，為整個家庭帶來至少一半的總收入。[37] 儘管這份責任也會帶來喜悅與榮耀，但多數女性仍感到疲憊，想要尋求更好的生存方式。

與女子們對談的時候，我想要探索她們所選擇的道路，以及這些道路有多少比重是因為生活而造成的？她們面對過怎樣的妥協或犧牲？在家庭與工作中是否得到支持？讓我暫且把「兼顧一切」這件事放到一邊，我想要了解她們過得好不好、她們的感受如何。假如我的書只是在意女性對這個議題有什麼感受，那麼價值恐怕不大。不如把這個部分看作是為了理解科技圈中的女性故事，在這樣更大範圍的命題裡，藉此迅速了解他們所面臨的問題。

巨大的工作量 The sheer workload

雅德莉安有三個孩子，她是公司裡的資深員工，她和我談到家庭與工作之間的拉扯：「繼續走這條路會遇到的矛盾是可以預期的……但後來我有了三個深愛的孩子，我想要花時間陪伴他們，同時與我先生的關係也是我非常在乎的，所以想要花時間好好經營。另外，我覺得要設定一個事業目標，能夠兼顧事業以外的一切也非常困難。」兼任雙重角色的雅德莉安還尚未準備好面對這個難題：「我覺得我從來都沒有理解到這點，當然我母親在我的成長過程中，也不太會和我提到這件事。現在我不只是家長，我更是一位需要高能量去處理科技業工作的母親。」雅德莉安說她的先生其實分攤了許多家庭雜事，「我老公是最棒的丈夫，他大概承接了60%的家事。」雅德莉安不禁覺得，假如沒有先生的支援，她應該無法承擔這樣的身心負擔，「我晚上要花兩小時打掃，然後會希望可以在剩下的時間完成所有工作，同時我還要成長、帶領團隊或是兼顧其他的事。」

---

37 Glynn, Sarah Jane.，「養家糊口的母親繼續成為美國的模範」，美國進步中心，2019年5月10日。https://www.americanprogress.org/issues/women/reports/2019/05/10/469739/breadwinningmothers-continue-u-s-norm/

雅德莉安指出，當我們談到職場天花板與偏見時，龐大的工作量所造成的阻礙卻經常被輕視，甚至是「不太被提及」。舉例來說，就算我們改善了應有的陪產假，但大眾對母親的期待仍持續著。女性經常被認為有責任照顧家庭，例如小孩的襪子和衣服夠不夠穿、功課有沒有寫完，而男性好像就不必管這麼多。這讓我們也很想要娶老婆，想著如果能像男生一樣有個家庭主婦太太會是怎樣？是不是就可以光鮮亮麗地上下班？我們認識很多人的妻子都是家庭主婦，但「家庭主夫」的先生卻屈指可數。

我和雅德莉安分享了一個我們家的故事。我上班可以順便送小孩上學，所以通常都是我負責把老么送到托兒所。因應疫情，當托兒所宣布停業三天時，因為我先生擁有自己獨立事業，所以是我先生負責在家照顧老么。那天早上當我上車時，我只拿了自己的包包和咖啡，直接把車開到公司，中途沒有在任何地方停下。我想著：「我終於可以早到公司了耶！不慌不忙，還帶著清晰的頭腦，但對某些人來說，這就是他們的日常。」

感到拉扯 Feeling the pull

莎拉是沒有孩子的單身女性，但她也不見得能夠輕鬆掌握生活與工作間的平衡。莎拉對科技事業和寫作都感興趣，也經常感覺到來自這兩邊的拉扯，以往她藉著不停轉換工作來處理這個問題，一下子在科技圈，一下子又辭職去寫作，但莎拉從來不覺得這樣就是平衡，所以現在的她想要改變重心，同時兼顧兩者。「我現在的挑戰，就是要在這兩方面都能盡我所能去發揮能力。」

莎拉最近才買房子，她想要在職場上表現優異、獲得成功，同時又想要有穩定的未來、家庭與孩子，因此感到很有壓力。「我根本沒有時間打掃，更不用說和別人碰面，所以我就在想：『天啊！我得花時間處理這個問題。』」最後，莎拉希望自己的人生是有「意義」的，但她仍在思考該如何達成這個目標。同時，莎拉知道自己很容易陷入工作狀態，「因為我不是只有一個工作，我的兩個工作同時在和我生活的其他部分拉扯，我得要阻止這兩件工作加起來不會用掉我人生的200%」。

休假過後 Returning from leave

我休過三次產假，有次基於我個人的選擇，我把產假拆成兩次來休，所以實質上就是我曾經四次必須對工作說：「等等！先讓我把寶寶生完吧！」在最友善的職場中，產假可以休息四至六個月，所以應該不會衝擊到事業。無論你如何分配產假，我們都得先訓練好同事，讓他們可以在沒有我們的狀況下，接手我們的職責、去照顧同事和進行工作。我們無法控制同事在我們休假的時候怎麼做，而當我們休完產假回歸職場，工作會變得怎樣，則是更大的問題。我看過許多女性憂慮返回職場後會面臨到的各種問題。

卡萊休完第三次產假回到職場時，她覺得世界和之前不一樣了。原本她管理的團隊有14人，但當她休完假回去時，公司卻已經決定把她的團隊解散。「我有明確的立場，但那時我覺得大家沒有很重視，因為他們覺得我的立場很主觀，所以我為此感到洩氣。」大家並非不理解卡萊，但經過公司的討論後，仍是在卡萊休假期間解散她的團隊。「公司預先把解散決定告訴我的組員，我回去之後，他們也讓我決定怎麼去進行團隊解散這件事。」卡萊接下了交付給她的任務，但她還是感到很不舒服，「因為畢竟這件事是在我休假時所決定的，而且我的產假才剛結束，那時候本身壓力就很大。」

回顧這件事時，儘管當時卡萊必須處理各種複雜情緒，但她也知道這件事帶領她向其他機會邁進，「對我來說，要放下自我真的很困難，我一直把自己視為領袖……而我也是懂得帶人的經理，我可以很自信地這麼說。」雖然卡萊可以理解這個商業決定，但一部分原因是她覺得自己在由管理職轉換回非管理職的過程中失敗了，同時她還覺得休假期間大家對她的感覺也變了，尤其暫代她職務的女同事隱約使卡萊成為代罪羔羊。「我覺得很不公平，當時經理對我有了不一樣的看法，但那其實是錯的。」

就職場的卡萊來說，「那在我的職涯中絕對是觀點不平衡的時期。」儘管工作以外的生活可以讓卡萊開心，但「至今我還是睡不好，還是會焦慮，這不容易解決。」幸運的是，不久後卡萊就獲得新職務的機會，而且這個工作可以運用卡萊的背景來幫助更多員工，她在整個過程中也學到很多。幸虧這個幫助團隊的工作，讓卡萊慢慢復原，她也按照以往的方式繼續探索，試著在機會裡做到最好。

決定 The decisions

清的事業轉變期，即是她將成為人母。在清考慮換工作的時候，她發現自己懷了第一個孩子，於是她從製藥業轉換為科技業的行政職，但這些年來這轉變帶給她的感受相當複雜。清的事業中最大一項考驗就是決定改當行政人員，「對我來說這其實帶給我更多困難，所以前幾年我又回到跟上一份工作有關連的位置上，在那裡重新開始。」清轉做行政工作的時候，她覺得必須一直面對別人對她能力的質疑。幽默的是，明明在獲得行政人員的面試資格之前，就必須先完成法學院入學考試中的邏輯部分。

「母親」這個身分，在清的決策中擁有重要地位，「我覺得我之所以會有罪惡感是因為我認為自己不能換工作、事業不能加速發展、不能擁有我所需要的彈性與自由。」有些部分是因為清過去在藥商的經驗，「妳就是產品團隊裡的唯一女性，通常這些女生的故事都很辛苦，想要把家庭放在首位的想法，聽起來會讓人覺得生活已經夠辛苦了，妳為什麼還想把它變得更難？」所以清刻意轉往行政職務，想要進入不同產業，並且陪伴家庭成長。「我不太相信工作與生活可以取得平衡，所以那時候我覺得轉做行政人員，能夠讓我有幾年的時間專注在我的家庭上，並且讓我有繼續學習的空間。」

吉妮直到38歲才成為母親。吉妮在懷孕期間的生活起伏不定，「我懷孕六個月時，我的母親被診斷出肺癌，在我兒子一歲時，我加入了史賓沙獵才公司（Spencer Stuart），那是一間高階獵才與主管顧問公司。我母親撐過了那一年，但就在我任職於史賓沙一個月後，我媽媽過世了。六個月後，我向先生提出離婚，那時我的孩子才一歲半，而當時我所加入的公司正是世界上競爭最激烈的獵才公司之一。」吉妮用盡力氣在缺乏支持與理解的職場中撐著，「有很長一段時間，我都是顧問中唯一有孩子的女性，我早上七點半或八點就會進公司，而男生們幾乎六點半就到了，所以我看起來就像是個偷懶的人，但我不想讓這件事影響我，因為其實我每天早上四點就醒了，開始在家工作並等著褓姆來家中帶小孩。」

身為單親媽媽，吉妮肩負著家庭與職場的責任，而她驕傲談起自己的歷程：「對女人來說，這是我們驕傲的源頭，我認為這就是身為女性的我們能做的事，不要怨天尤人就是我們的挑戰，因為這是我們的選擇。」吉妮也發現，她不能老是犧牲自己，把自己放在一切之後，同時吉妮也承認自己並非隨時都保持良好狀態，例如那些必須照顧孩子、每天只睡四個小時的日子。

蒂伊莎也有類似的經驗，在她的事業初期，照顧孩子曾經是她的動力來源，她的決定影響了自己的觀點，「我19歲時有了第一個孩子，這是我沒有去念加州大學洛杉磯分校（UCLA）的原因之一，後來我則是上了德福瑞大學（DeVry University）。我要去工作來負擔自己的學費，但我知道自己還是必須拿到學位。」這段經驗讓蒂伊莎擁有別人沒有的眼界，「我理解事物的角度與別人不同，像是我必須擔心下一餐在哪裡之類的事情……我想應該是這種經驗使我擁有同理別人的特質。」整體來說，蒂伊莎將之視為優點，「我的同僚可能無法理解某些事物，但我可以，因為我過去的經驗，讓我在這樣的年紀，能擁有多樣性與包容。」蒂伊莎的過往經歷讓她能夠提出一針見血的問題，例如公司要到哪裡徵才、是否接受四年制大學以外的不同形式教育背景等。「我跟老闆說：『你跟我的想法很像，但是假如是你來面試我，看到我的履歷應該不會用我，但看我的表現，我可以和哈佛畢業的人並列，所以放開心胸吧！你知道到處都有傑出的人才。』」

展望 Looking ahead

喬治亞也來到吉妮與清曾經走過的路上，在擁有家庭的同時思考著事業的發展。「我現在懷了第一個孩子，未來要如何兼顧事業與母親的角色，我想了很多。」喬治亞覺得她應該會待在科技業，因為她喜歡這裡的彈性，像是需要的時候可以離開工作去就醫、晚點進辦公室、在家工作等等。「我不知道具體來說會是怎樣，我想當我更了解自己身為母親的身分，以及更知道維持健康需要做些什麼時，我就會更清楚了。」

讓喬治亞比較擔心的是全時間專注的工作型態，就算工作有些彈性也是一樣。「雖然我常說自己喜歡工作上的彈性，但這其實是有缺點的，意思是說它雖然有彈性，讓你可以在任何地方工作，但也因為如此，好像你隨時都得處於可以工作的狀態，例如每當我要去搭超過兩小時的飛機都必須告知大家，因為就算是在週末，失聯兩小時對大家來說都是無法理解的事。」

喬治亞思考自己作為母親與工作上的責任，她該如何拿捏自己在這兩邊的時間。「關於孩子的話題，聽到的較多是來自於女性的討論，像是會說到與孩子相處時間變少。當然對男性來說可能也是這樣，但是相較於男生，我聽到女生討論這件事時，有比較多的情緒和掙扎，像是不能早點下班、回家煮飯、陪孩子等等。」喬治亞還不知道這些事在未來會如何發展，但這些是她思考的重點。

卡蘿的狀況也差不多，她思考的是如果有了孩子會怎樣，她能夠辭去工作，多花時間在孩子身上嗎？卡蘿覺得必須等那時候到來才會知道，「因為通常我會思考未來並做規劃，但是我發現計畫都不是重點，我要跟隨我的心去行動。」舉例來說，她認識的一位工程主管是非常事業導向的女性，「但當她有孩子後，一切都變了，她決定追求較小的發展機會，這樣她才能有更多時間陪小孩。」卡蘿想再花點時間思考這些問題，但她覺得一旦遇到了，自然就會知道該怎麼做。

彈性 Flexibility

有些人好奇科技圈的工作模式到底彈不彈性。卡萊把自己在科技業工作的情況與在時尚圈工作的朋友做比較，卡萊的工時很長但是具有彈性，「時尚圈朋友的上班時間是早上八點到晚上六點，但是不能居家上班。」卡萊很感謝科技業工時上的彈性，但她同時也提醒：「這裡的步調飛快，好像從沒有停下來的時候，例如在夜裡或假期都不斷有電子郵件的訊息，總是有成堆的事要處理，所以必須能夠設立好自己的界線，因為如果不儘早設定界線，那就很難拉回來了，沒有人會告訴你該停下來，而且永遠都有更多的事。」

在卡蜜養兒育女時，科技圈提供了經濟獨立與彈性，這點讓她很驚喜，「那時我還是個程式開發員，當第一個孩子出生時，我向公司請四個月的產假，結果我的寶寶成天都在睡覺，所以我覺得在家裡照顧孩子很無聊。」於是卡蜜與當時的老闆商量，讓卡蜜在寶寶睡覺的時候做兼職編碼工作，「我顧著孩子，同時也可以做些動腦子的事。」後來卡蜜也決定住在公司附近，「我以我的房子為中心，劃出通勤15分鐘可以抵達的範圍，我也總是可以在距離內找到工作，這讓我可以隨時衝到學校看孩子表演之類的，然後又飛快衝回公司工作。」

工作與生活的平衡 Work/Life balance

在與多數女性的討論中，我們一直談論著工作與生活的平衡或是身心的健全。克莉絲汀則想要改變我們在科技圈中看待這點的方式，尤其她認識的許多人都是大學畢業後，就直接進入科技業。「以前都熬夜到很晚，已經習慣隨時都在工作，也很習慣在課堂上睡著。」對克莉絲汀來說，這都是常見的事。「對我而言，剛開始工作時最困難的就是不在白天睡覺。我的工作宿舍離辦公地點只要通勤10至15分鐘，所以我午餐時間都會開車回到宿舍，先睡個半小時，再買午餐，然後在回辦公室的路上吃掉，這樣我才可以小睡一下。」

對每個人來說，工作與生活的平衡關乎我們的長期健康與續航力，正如克莉絲汀所說的：「不太是與工作中的困難要求有關，反而是與這個產業、人們的習慣、獲得的獎勵等有關係。」在因為產品發行或是完成工作而獲得獎勵的世界中，我們可能會犧牲健康來趕上工作期限。「我們都不擅長估計時間，所以有時候我們需要以熬夜與加班等等諸如此類的方法來完成工作。」克莉絲汀希望在科技圈裡的每個人都能把自身的健康放在首位，雖然她知道很困難，因為我們都經常「熱切想證明自己」。

法蘭西絲則因為工作與生活的平衡這個概念而掙扎，因為她同時熱愛著工作與家庭生活。「結婚之前，我可以想工作多久就多久，我的人生就是工作，我也喜歡這樣。」而當她開始和先生交往時，她還警告過先生「你得先計畫好，因為我很忙。」法蘭西絲清楚告訴先生，她工作專注並且希望能夠「繼續發展事業」。法蘭西絲在商學院學習時，參加了超級密集的管理課程，「我完成學業後，充滿熱情地進入顧問領域。有80%的時間都在出差，在工作上衝鋒陷陣，一直遇見不同的人、學習不同思考方式，這些都在幫助我創造更好的自己。」後來法蘭西絲走入婚姻，先生希望能有孩子，「那時我不知道是不是該生小孩，因為我很喜歡當時所擁有的一切，但我們也交往了很長一段時間。」現在的法蘭西絲已有兩個孩子，當她說到試著找到平衡時，她整個熱淚盈眶。「對我來說，我得確保我是好媽媽、好太太，並同時滿足我想繼續成長的渴望。這好難啊！因為每方面都需要50%以上的力量，這真的太難了。」

當我問法蘭西絲是否認為這個議題與性別有關，她回答：「我覺得比較是關乎身為一個人，我們到底是誰。」接著補充說：「但我覺得這也與是否已婚有關，不管是異性戀婚姻還是同性關係，重點是你的伴侶支持你多少。」她說這真是橫跨各產業的議題，法蘭西絲在金融界的女性朋友們「整天都在工作」，也「不常和家人見面」，而她自己的結婚對象則是「比較老派的人」，所以他的家庭觀念根深蒂固。「如果我先生說：『寶貝啊！去接那通會讓你忙上半個週日的電話吧！』那我就會接，而且我覺得他幫助我找到平衡，雖然有時候我希望只要專心工作就好了。」

法蘭西絲嘗試平衡的方式包括減少出差、提高效率，「我試著在職場中進行這些做法。假如你的工作跨越許多不同時區，那你得要超級專注，例如每句話都要有意義，因為你不會希望一直反覆溝通，這同時也表示你要先放下其他生活中優先的事情。」法蘭西絲思考時間分配時，優先次序的劃分一直都是重點，「現在我每季大概只出差四天。然後在溝通時，我會使用『**我要**』這樣的字眼，因為對我來說這是觸發他人行動的關鍵字。如果我用『**我應該**』這樣的字眼，聽起來就會有點被動。這些轉變了我經營生活的方式，也能在心智與情緒方面幫助我重新架構一切。」以上這些是法蘭西絲之前的科技長給她的建議，他跟我說：「妳不該用這樣的表達方式，妳應該說『妳想要這麼做』，那假如有妳不想做的事，那就不要做。」法蘭西絲想起曾經聽到有位女性針對「『我必須⋯⋯』的生活」的主題分享時提過類似的概念，她說：「這給人的感覺不太好，聽起來好像是為了別人而活，但思考之後做決定的是我。現在只要生活邁入不同階段，我就快要可以擁有在不請褓姆的狀況下和先生一起去健身的生活。」

樣樣兼顧 Having it all

千萬不要和貝瑟妮討論如何兼顧一切。「有天我要講述這個主題，有位年輕女性友善地這樣介紹我，『貝瑟妮在這裡要分享賺錢養家和擁有事業的女性是如何兼顧一切。』我就覺得，『喔不！我現在就得阻止妳。』」前幾年，貝瑟妮在公司內部為「賺錢養家的女人」創建了郵件別名，這方面的成功也幫助了其他活動的建立，例如出席活動演講、主持Podcast等等，但是貝瑟妮不喜歡「樣樣兼顧」這個語彙所代表的意義。「首先，我確實必須兼顧所有，因為每件事都是我的事，但我並沒有樣樣都兼顧。妳可以隨時問我生命中的任何人，貝瑟妮是否讓他們失望過，肯定有人覺得有。很多時候我是爛透的妻子、糟糕的母親，也有時候當我回到公司，都不確定我的員工證是否還能使用。」

貝瑟妮重視自己的時間分配，她要出現在最需要她的地方，貝瑟妮尤其關注那些賺錢養家的女性。「我們是成長中的社會小群體，在美國家庭中有41%是由女性主導財務，而且女性的大學畢業率比男性還高，也有較多的比例獲得高於男性的學歷。」雖然貝瑟妮不確定目前的事業將會把她帶往何處，但她表示：「幫助女性找到社群、資源以及重視她們的需求，確實是我想要進行的事，也希望這能佔據我一天中的更多時間。」

代價 The price

凱西在事業與孩子之間選擇了孩子，她現在是接案自由工作者，休息多年只為了顧家。凱西說：「對我來說，在女兒還小的時候多陪伴她很重要。希望當她需要我的時候，我都能在她身邊。」而代價對她來說沒那麼重要。「我當然希望銀行帳戶裡有錢，有退休金可領，可以買大一點的房子，但是長遠來說，這些事都取代不了我在孩子生命中的缺席。」凱西有時會有金錢壓力，但她還是不想要申請全職工作，特別是她前一間任職公司的環境，對有家庭的人來說不是太友善。

雖然如此，凱西仍不希望向別人承認她都待在家裡。由於各式各樣的問題，她已經有五年沒有在外面工作了。「我的目標是在我處理所有私事的同時，也打算要好好工作。在我沒有上班的五年中，我有很大的掙扎，我沒有告訴大家我待在家裡帶小孩，因為要是這麼說，感覺像是個失業的魯蛇。雖然這麼形容實在太糟糕了，因為在家帶小孩的母親們，她們都是優秀的母親……但是因為某種原因，我會抱持著內疚而思考為什麼自己要放棄事業呢？」凱西雖然很高興為了自己的健康與孩子而花時間休息，但是拉扯仍然存在：「在家帶小孩這麼多年的時間裡，只要不是很親密的朋友，我都會跟他們說：『我在家裡接某某案子……』因為要說出『我其實要休息一段時間，沒有在工作』真的很難。」

面對選擇時，很多時候必須以「身為父母」的角度去思考。「我也覺得母親們在職場中受到嚴重的排擠，這在我們的文化中是個非常明顯的問題。」凱西最近正在閱讀達西洛克曼（Darcy Lockman）的《熱門話題：為人父母與平等分工的神話》（All The Rage: Mothers Fathers And The Myth Of Equal Partnership）一書，書中談到女性持續負擔沉重家務與家長工作所帶來的社會衝擊。凱西列出了她成為母親所面對的「處分」：休假的處罰、休假後的工作、需要早退才能接小孩放學、小孩生病的時候、身為媽媽做什麼事都會被打斷等等。「就算女性對工作非常認真，但她只要在上班時告訴你：『我必須趕去一個地方。』大家就會覺得她看起來不太在乎工作、沒有企圖心，所以不是個專注的員工，或是覺得她對公司的付出不會像男性那樣。」當然也有把重心放在家庭的男性，他們也要面對類似的狀況，所以這其實是整個文化面的問題，而非僅限於女性。

彬姆則是注意到全心專注在事業上的代價：「在公司裡看到總監或副總裁時，總是不禁覺得好像我們除了工作之外什麼都不做，就可以達到那些位置。我覺得我應該無法把工作、家庭和其他事情分得清清楚楚。我如果獲得那樣的職位，應該會很擔心我的人生是不是只能工作到死，一輩子只是個職場女強人。」

人生有很多掙扎嗎？一定會有的，無論是在工作或是家庭，生活裡總是一直帶來驚喜的新問題，但這些會讓我放棄嗎？嗯……有時候我需要睡上一覺，但我不會放棄！一覺醒來，就是繼續前進、解決問題的時候。

在第三部「典範的力量」中，我們將看到女性如何面對這些挑戰，並且如何為自己的事業學習其他能力。然而，在職涯這段路上有誰幫助過我們？我們最困難的日子又是如何？我對這些問題都非常感興趣。最後，我們是否還要留在科技圈？還是決定離開？原因又是什麼呢？

第三部

典範的力量

THE POWER OF EXAMPLE

「『回饋他人』幾乎就是女性的DNA，不論我們是否正在創造著先進科技來讓世界變得更好，或是打造美好團隊讓員工生活得更健康，要知道我們的工作都是有意義的，這就是與發揮影響力有關。」

——林珍妮佛（Jennifer Lim）

3-1 神奇工具箱

Our Magic Toolbox

——探索科技圈事業的最重要五項技能

12歲的時候，我自願週末到動物救援單位擔任義工。那個組織在我們附近的跳蚤市場設立了攤位，用可愛的貓狗吸引路人，義工們走來走去，也餵小狗吃東西，在這之中會有一位成年義工來領導組織。組織中有一個大人不太喜歡我，她會特別堅持某些流程，儘管我本質上很守規矩，但我同時也受獨立教養方式的薰陶，所以在很多事情上會直率地向她提出疑問。有天，我收到電子郵件，通知我不需要再去當義工了。這件事發生30年之後，我母親做出這樣的總結：「因為他們無法接受妳的想法。」

但是，恐怖的事來了。

每個人都要學習怎麼探索職場並獲得成就，在後來的工作中，我學會如何分享自己的意見，也知道如何同理他人的處境，並同時推進我的目標，而不是把我的目標硬塞給他們。當然，要是每個人都乖乖聽我說話、接受我的指揮、沒有其他意見，那再好不過了，但是我們大多數人的實際經驗都不是這樣。在2018年麥肯錫（McKinsey）的《職場中的女性（Women in the Workplace）》報告中，女性持續反映出高比例的職場歧視，例如：必須比別人努力來證明能力、在專業領域的判斷遭受質疑、被誤會擔任較低階的職務。當身為所處行業中的唯一女性時，這個狀況又更加嚴重，數據顯示在「必須證明自己的能力」類別中，有51%是唯一的女性、24%是擁有其他女性同事的女性、20%是唯一的男性。[38]

---

38 Krivkovich, Alexis and Marie-Claude Nadeau, Kelsey Robinson, Nicole Robinson, Irina Starikova, and Lareina Yee.，「2018年職場中的女性」，McKinsey，2018年10月23日。https://www.mckinsey.com/featured-insights/gender-equality/women-in-the-workplace-2018

對我來說，在職場中要不斷前進，需要正面態度和大量技能，這些我在學校都沒有學過，而是透過實作學習。在訪問女性時，我會請她們分享一項在事業中面對過的巨大挑戰，討論她們如何處理這些狀況，而她們又養成什麼技能。這些女性告訴我，她們必須了解他人，也需要行銷自己，同時她們也更認識自己，例如：她們擁有哪些長處、什麼時候要傾聽內心的聲音、什麼時候應該放下或繼續前進。另外，掌管自己的生活也是一個重要主題：如何尋求幫助、得到支持並且設立界線，而且她們必須為自己的特質抱持自信、毅力以及堅持。

最後，我把聽到的所有分享內容，歸納成「探索科技圈事業」的五大能力，這些也適用於其他事業。職涯旅程充滿各種建議，我會盡可能簡單清楚地說明，並且分享我認為對女性來說效果最好的建議。這些建議不僅是訪談中經常聽到的內容，也包含所帶來的相關影響。此外，這些建議都並非是開創性的，因為我們都站在專家們的肩膀上，例如麥克阿瑟獎得主安琪拉達克沃斯（Angela Duckworth）。假如你已經在應用當中的一些策略，那真是太棒了！我很希望我們的故事與經驗，可以支持你的工作、提醒你的初衷並且支持你去幫助他人，我也將提供其他資源作為額外的研究與學習。如果你才剛起步，並且還不知道接下來要怎麼做，我希望這可以成為你的試金石。

這一章裡提到的五大能力如下：

- **恢復力**：建立毅力和承受逆境的能力。
- **行銷自己**：發表意見並推廣自己的才能與成就。
- **開口要求**：擁有與人交流、向外拓展的自信，並且懂得尋求幫助。
- **尋求支援**：尋求可以幫助我們探索職涯並提供歸屬感的人。
- **承認自己很棒**：知道自己夠好，而且擁有自我價值。

—— 恢復力 Resilience ——

訪問女性時，在我們對話中不斷提到「恢復力」是多麼有力量的工具。我們可能用不同的詞彙來描述，像是厚臉皮、勇敢、毅力、堅持、堅強，甚至會說是遲鈍，但這些其實都是同一種技能。安琪拉達克沃斯在TED〈熱情與堅持的力量〉[39]演講中這麼說：「恆毅力（Grit）就是對長遠目標的熱情與堅持，恆毅力就是堅持下去，恆毅力就是日復一日堅持你的未來，不是只有一個月、不是只有一星期、不是只有幾年，而是非常努力把未來變成現實。」所有受訪女性提及的就是這個：撐下去的能力、在困難中成功的能力、因為困難而成功的能力。

「真希望以前有修習更多的心理學課程，預先為成為領袖做準備。」才華洋溢又充滿企圖心的人失敗了，就連在谷歌這樣到處都是資優生的地方，我們仍會看到別人在尋求成功的路上遭受挫折，我們會對這個狀況感到疑惑，那要如何理解這件事？有許多人來到谷歌之前，做什麼都會成功，所以不是每個人都習慣這樣的挫折挑戰。幫助別人發展職涯是一件事，但扶助別人處理情緒、自我接納以及培養忍耐的品格，則是另一件完全不同的事。

我決定把這章節稱作「恢復力（Resilience）」，是因為根據牛津英文字典，這個字的定義是「擁有從困難中快速復原的能力」，這是一種可以後天培養的技能，不是與生俱來的能力。近幾年，商業界和學校也接受了由史丹佛大學（Stanford University）卡蘿杜維克（Carol Dweck）所發展的成長型思維概念，就如安琪拉所描述的「學習能力不是固定的，藉由努力可有所改變。」杜維克博士展示了，當孩子們學習過關於大腦在應對困難時會如何改變與成長的知識，往後更有可能承受得起失敗，因為他們知道失敗不是一個永遠固定的狀態。因此，藉由教導我們如何從困境中學習，也可以發展出恢復力，並且將辛苦日子當作美好日子的動力。

---

39 Duckworth, Angela Lee.，「恆毅力：熱情與堅持的力量」，影片拍攝於2013年4月，TED Talks教育展。https://www.ted.com/talks/angela_lee_duckworth_grit_The_power_of_passion_and_perseverance

堅持 Persistence

大學時期的艾許莉覺得要念好電子工程與計算機科學很難，「對我來說真的很難，有時候在期末考時我會想：『這科真的要被當掉了，我得重新計畫下學期的課表。』」艾許莉說，有些大學部的初階編碼課程，一個班有將近一千位學生，以現在的標準來看，是需要開設直播的程度，好讓一些學生移動到其他教室上課。在人數這麼龐大的班級上課，艾許莉覺得：「真的很容易跟不上進度，聽不懂的時候就覺得自己很笨，而且不太敢求救。」就算參加了課後交流活動，艾許莉也發現其他學生只會幫助和自己熟悉的同學，「我覺得同學很冷漠，而且應該就是在大學的時候，我才發現自己其實比其他人笨拙。」面對這些挑戰，艾許莉還是努力用功和堅持，最後她撐過來了，在結束實習後獲得第一份工作。

艾許莉一直努力堅持，開始覺得好運似乎來到她身邊。她是開發員運作與基礎設施團隊的第一位開發員，那時單位甚至連個正式名稱都沒有。這間公司成長飛快，馬上就上市了，主要是負責從事數據中心到伺服器服務（AWS）的大型遷移，而艾許莉要執行這些工作，因為整個團隊裡只有艾許莉和經理。「我想以大學畢業的新人來說，通常沒有辦法獲得加入這種大型專案的機會。由於我是團隊中的唯一成員，所以所有的事都是我的事，那個時候我也不清楚自己的責任有多大。回想起來，現在的我應該不會像當時那樣有自信。」雖然有時候我會把這個機會看成是做不完的辛苦工作，但艾許莉還是覺得自己非常幸運。「我常告訴別人我非常幸運，因為時機真的很好，團隊也很好，我的經理也一直都信任我，把這些大型專案交付給我，還一直把我推薦給其他團隊和高層人物。」

亞莉克絲因為比較晚進入科技領域，所以有大大的不安全感。「雖然我在17歲的時候就開始編碼，但和同儕比起來算是很晚。我覺得大學第一年是最辛苦的時候，因為同學們都把科技掛在嘴邊，甚至在他們的對話裡，每三秒鐘就會出現一次科技術語。」這不是新人友善的環境，但幸好也不是一直都這樣。「我花了些時間來弄清楚哪些人是真誠待人，哪些人只是想要嚇唬別人。一開始，大家都想要裝腔作勢，而我的程式開發能力也一直受到質疑。」然而，就在這種挑戰裡，亞莉克絲找到自己對工作的熱情和毅力。「我不喜歡被看作後段班的感覺，甚至有時候會被當笨蛋。我在上大學前，從來沒有這種經驗，所以我就把這種狀況當成挑戰，並且決定更加努力。在過程中我也漸漸不再把這件事當成競賽了，因為我真的很喜歡這份工作。」

透過這個經驗，亞莉克絲開始探索在這個行業保持自信的方法。「我們的工作步調很快，要不斷學習新事物，根本沒有覺得無聊的時候。圈子裡大部分的人都很熱心，會鼓勵提出意見和創造合作機會。」除了這些之外，亞莉克絲也藉由過去經驗來提醒想要進入科技圈的女性，說服男性認同「男女旗鼓相當」這件事依然不容易。「即便我對專案有一樣的經驗和知識，甚至在某些方面，我的想法可能比他們的更好，但我仍要花上一些時間，才能讓對方理解。我不會讀心術，所以很難判斷這些狀況是情勢使然，還是因為性別偏見。」亞莉克絲不希望大家對此感到不安，但她仍建議要對這樣的狀況有所認知和警覺。在必要時，亞莉克絲會嘗試不同的溝通方式，並且無論如何都要提醒自己：「我的想法是有價值的，它值得被討論。」

莎拉也體驗過被丟進深海裡載浮載沉而學會游泳的狀況。「剛來的時候，我連一堂商業課都沒有上過，就馬上被丟去參加資深主管會議，擔任起會議紀錄、現場溝通口譯並且把翻譯出來的資訊製成主管簡報。」雖然這些任務很困難，但是實際經驗教會莎拉的事情遠多過任何訓練課程。「我一直把這個經驗看成我的『付費企管碩士課程』，因為我透過實際具體的工作而學到超多。」莎拉和其他人一樣，一開始也感到不安。「我常覺得自己需要偽裝，因為我覺得我非常不夠格、我覺得總有一天大家會發現我什麼都不是，但我還是埋頭努力，而令我自己也感到驚訝的是，大家都喜歡我的工作成果，甚至還有資深領袖邀請我幫他們校對履歷。」

梅也談到她每天的折磨與堅持。「當我回顧職涯時，我覺得自己真的對很多笑話、閒言閒語以及男性優越說教非常包容。」梅記得曾經有人想要教她怎麼用Slack軟體，搞得好像她什麼都不懂一樣。「這些真的會毀了你的一天的心情，因為這些都與工作本身無關，單純只是和同事之間的互動……有時候他們感覺根本不是在幫妳，就只是讓妳很無力而已，讓妳覺得『喔！拜託，我在科技圈待得比你還久好嗎？我會用！』」這個故事提醒了我，堅持有時候是有代價的，所以也得注意這是否會磨損和影響我們工作中的感受。

公平與否 Fair or not

卡蜜在80年代開始擔任軟體工程師，她加入的團隊主要都是男性，但是也有30%的女性成員。在她職涯的前九年中，「我的經理通常是女性，或至少會有一位女性主管。」後來卡蜜離職，成立自己的公司，經歷了非常不同的事。「那時我完全沒有意識到自己是黑人這件事，也沒有意識到自己是女性，因為我一直都待在那樣的環境中。我現在才意識到自己其實不太關心多樣性的事，因為不管是誰加入團隊一起工作，我都會感到開心。」卡蜜原本想聘用認識的女性加入她的團隊，不過她終究是團隊中的唯一女性。「我一直忙著成功，都沒有注意到這件事。後來我才發現，這麼多年來我一直都是團隊裡的唯一女生，而且我似乎一直都沒有意識到，在我所處的任何團隊當中都是這樣。直到我讀了《挺身而進》這本書，閱讀到相關的數據，我才發現：『天啊！也太糟了吧！』我一直都埋頭努力，專注我想做的事，完全沒有把注意力放在這些事情上。」

卡蜜注意到她為自己的成功負完全的責任，從來不覺得有任何事與她是女性或是黑人有關。「遇到困難的時候，我都會假設這是我自己的問題，我得自己去處理解決。」卡蜜提到自己有能力去忽略或是不去注意這些輕視，儘管她知道有些行為已經到了冒犯的地步。卡蜜也注意到許多優秀的女性同樣在忽略這些輕視，單純只是向前展望，然後成功。「這些女性可能可以忽略輕微歧視，或是不讓歧視影響她們太多。我想這與如何保持正面的心態有關，因為陷入負面情緒對事情沒有幫助。」

這段話讓我感到很有道理的同時，又覺得好像哪裡奇怪。如果女性都得要自立自強處理所有障礙，那感覺挫折時要怎麼辦呢？同樣專業甚至能力更好的女性，若無法忽略歧視又該如何？卡蜜記得來自一位黑人女性對她的提問：「當我和她分享我為了生存所做的努力時，她反問我：『這樣不是很難嗎？』然後我想：『呃……我沒有說這會很容易呀！』她繼續問我：『那妳覺得這樣公平嗎？』」卡蜜的回答則是：『誰說世界是公平的呢？』」卡蜜對我補充說道：「從很小的時候我就知道這個世界是不公平的，適用在我、你和每個人身上的規則都不一樣。」卡蜜不是在「期待成功容易發生」的觀念中成長，因此她對事業上的挑戰已有心理準備，而其他人則不見得。

蜜雪兒則指出有關女性的生存偏見：大眾期待女性臉皮比較厚，或是偏愛臉皮厚的女性。她提到一個幾年前的活動，「那時資深副總邀請了在他的機構任職的一群資深女性，一起參加類似午餐聚會的場合，連我在內總共九個人吧！那是我們第一次被聚在一起。當我環顧四周，突然間發現，我們這群人真的有許多共同點。」蜜雪兒發現所有女性的共同點是「我們都喜歡線上遊戲、也很樂意和大家在下班後去喝杯酒、靴子裡還都放了一把刀呢！（最後一句是開玩笑，在此澄清）」蜜雪兒觀察到這並非典型的女性團體，而是已經克服事業前期挑戰的資深女性群體，「那時候我整個覺得像是在漫畫裡，因為這實在不是很常見。」

然而，當瑞秋回顧自己時，也發現了類似的故事：「我認識的成功女性中，大部分人的共同特質就是不接受不合理的對待。」瑞秋同時也好奇，這是否是一種選擇性偏見，「是不是因為我們不像那樣，所以才被挑出來？假如我們說話都輕聲細語，能夠有現在的成就嗎？」瑞秋覺得，這個特質幾乎是在科技圈生存的要件，但她也知道自己隨著時間過去，更知道如何和他人共事，而現在的她會為了自己和別人站出來，「我剛入行的時候，得到的回饋多半是要我更勇敢發言，顯然我已經克服了這點。」

勇敢 Bravery

身為工程總監的蜜雪兒談到，努力在舒適圈以外勇敢發言。「我對於進行困難的對話越來越得心應手，這可能不是典型的勇敢。一般人認為的勇敢，大概是願意去處理過於棘手而大家不願意討論的事，但我認為的勇敢不完全是這樣，比較是願意主動去製造必須的衝突，例如提出另種角度的意見等等。」蜜雪兒希望能夠觸發正確的對話，好推動後續的行動。「有時候覺得，天啊！我寧願我們現在吵個架，事情就結束了。」蜜雪兒一直等待著可以勇敢發言的機會。

在最好的構想總是勝出的世界中，吉兒解釋了發言是多麼的重要。「有一種工程方式是透過思考來達成，在和其他工程師進行辯論的時候，你可能覺得『我可以比這更好。』但並不是每個人都可以這樣進行積極的討論，因為在過程中你會遇到各種溝通模式，而且必須一直辯論到獲勝為止。」吉兒不認為這件事會有所改變，她的建議是做好準備，「每位工程師的個性當然都不一樣，但在科技圈裡，為了概念和觀點進行辯論是常有的事，所以不要覺得只有你一個人這樣，或是認為這些爭論反映的只是自己的個性。」

要很厲害 Being kickass

希拉蕊覺得人們經常在無意識中透露出自己的偏見。「在某場會議裡，我正處理工作，而他卻說：『等一下！妳是三個孩子的母親，妳的孩子們都不需要媽媽待在家裡嗎？』我對他說：『他們不需要我待在家裡，但是他們需要我，也需要他們的父親，在他們需要的時候，我們都會在他們的身邊，非常謝謝你的關心。』我想對方根本沒意識到自己說了什麼，以及這種觀念有多麼退步，不過我每天都還是會聽到一些類似的話。」希拉蕊覺得很有趣的是，人們會對女性說這些話，但卻不會對男性說一樣的話。「現在的人對這些事情比較有知覺，且在某種程度上行為也有所改變，但我認為這些偏見還是存在。」針對那些因為她是職業婦女而感到擔憂的人，希拉蕊會對他們說：「在擔心我的工作做得完嗎？如果你希望事情可以搞定，那就交給非常忙碌的母親吧！她絕對會想辦法把事情解決，並剷除所有障礙來把事情完成，因為媽媽們才沒空浪費時間。」

在面對困境時，希拉蕊的建議是「不要動搖」。「妳要對自己的學經歷超有自信、在工作上要表現優越，讓這些成為妳成功的證據，因為這些就是改變的方法。」希拉蕊建議女性要在自己所做的事情上非常優秀，而且確保不會被任何事物阻止，也要能夠控制自己的表現，以及評估要讓事業進展到什麼程度。關於是否要提出意見，希拉蕊的看法則是：「我覺得對所有女性，以及整個人類來說，我不會放任不認同的事情發生，但我也不會因此而無法好好工作。」

重拾盼望 Retaining hope

人們在需要堅持的時候，可能會失去盼望、覺得疲憊，或是覺得被世界背叛，就某方面來說這些心理狀態都是正常的，但我也看過有人能夠一次又一次抵抗挫折和困境。在困難中保持盼望是非常了不起的能力，而當我們嘗試推動需要長時間的社會性改變時，又更需要這種力量。正如之前所提到，科技圈與世界其他的地方沒有什麼不一樣，就「偏見」與「多樣性」來說，這裡也只是正在改變而已。

法蘭西絲這樣鼓勵我們，「在猜測事情為什麼變成這樣之前，先試圖理解為何事情會如此發生，並且嘗試去做改善。」在過去五年中，法蘭西絲覺得：「人們好像不太用正面角度去做假設，反而多用負面的看法來推測一切，這個方向是不對的。」法蘭西絲也提醒負面角度的缺點：「負面假設會消耗很多力量，而且不太會有人認同你，可能沒有辦法影響別人，你也會沒有辦法接受不同的看法，甚至你會自我封閉。」法蘭西絲鼓勵所有人，包括男性在內，以及來自各種不同行業的人，「敞開心胸並抱持正面態度，幫助別人理解你的感受，也試著去理解為何某些事物會存在，並且相信事情一定可以改變。改變或許沒有你所希望的那麼快，但是你仍可以持續關注著。」

法蘭西絲曾在第一手位置觀察過，要公司發生轉變這件事有多緩慢，因為公司的首要任務是生存下來。「如果公司的首要目標是『成長』的時候，那重點就只會放在『成長』上，而不是發展人才。除非你任職於有五千多位員工的那種大企業，不然一般來說，小公司通常不會有很多資源，可以用來做這些重要的附屬工作。」法蘭西絲覺得這可能會讓一間公司看起來沒有那麼多樣化，「如果你的公司正在蓬勃成長，他們可能就會忽略掉網站沒更新這件事。」而她也發現多樣性與包容性的趨勢，正為社會帶來新的角度：「大家能夠分享自己的生活經驗，然後發現原來我們擁有這麼多共同點，而不是差異。」

寶拉也有類似的感受，「我們不能夠陷入這種心態——假如別人都和我們不一樣，意思就是我們不夠好。」寶拉沒有讓這件事成為她的阻礙，「我告訴自己：『好吧！這裡有很多機會，可以讓我引進更多像我這樣的人。』」寶拉會在會議或是其他聚會中留意其他的拉丁裔女性，「我會主動接觸她們，和她們聯繫，並且會在她們遇到問題時給予支持。」寶拉希望可以幫助別人，特別是因為她也曾經處於這樣的情況中。「我應該有冒牌者症候群……以前的我，總是會問自己：『妳有資格這麼做嗎？』所以現在我用自己的方式支持她們，對她們說：『嘿！我來到這個位置，變成現在的樣子的過程是這樣的……』」

我們在這邊很快地聊一下「冒牌者症候群」，因為在這一章的後面還會再出現幾次這個詞。簡單的定義就是「堅定地自我懷疑」；字典上的定義則是「不相信自己的成功是值得的，或是不相信自己的成就是因為自己的努力與技能達成的合理結果。」意思是說，就算是成功的人，都可能深受冒牌者症候群所苦。事實上，成功的人更有可能因為成功而獲得肯定，卻無法真正感受到成功。我經常用來證明冒牌者症候群的一句名言就是：「總有一天他們會看穿我。」意思是總有一天他們會看出我不是真的那麼聰明、有才華。莎拉也用了以下幾個例子，來描述冒牌者症候群如何出現在她的職涯中。

- 因為害怕被認為太有野心、要求太多，而放棄或是不爭取發展機會（例如：訓練、會議、前輩指導、延伸專案等等）。
- 因為害怕別人覺得自己不夠資格、不夠好，或是看起來對現在職務上所獲得的支持不知感激，而不爭取職缺（隱藏的思考脈絡是：認為自己之所以能夠得到支持，只是因為幸運，應該要懂得感謝，而不認為是自己憑著每天的努力而獲得的回報）例如：沒有達到職務標準卻錄取，因此在入職時，會感覺公司聘用自己像是在賭博一樣，所以自己必須以忠誠來回報。

- 等待來自主管或指導前輩的肯定，來尋求下一階段的事物。
- 不停懷疑自己的決定，使事情發生拖延的狀況。

男性與女性都可能需要面對冒牌者症候群[40]，但是加上女性可能會遇到較多的其他問題，因此冒牌者症候群在女性身上發生較為頻繁，也成為女性在探索職涯時會遇到的重大問題。

從過去經驗中學習 Learning from the past

吉兒在事業早期就鍛鍊出了恢復力，她成立過一間新創公司，這間新創公司有賺錢，也打造了大約20人的團隊，其中包含工程師、商品人員與行銷人員，不過由於公司的行銷策略與手段，這間公司生存得很辛苦。就在他們辛苦掙扎的某一天，辦公室因為911事件而被摧毀了，「這是很大的打擊，無論是心理的、生理的、氣勢上的、世界金融以及相關的一切都是，但我們也重新振作，試圖克服眼前的難關。」儘管公司同仁們付出許多努力，但最後公司還是關閉了，這也給吉兒帶來很重大的影響，「我對所有離開的同仁、為這間公司一起打拼事業的夥伴有很深的責任感，他們都給我帶來很多啟發。必須關閉這間公司，要想辦法面對失敗，並在當中學到教訓，這些對我來說都是巨大的挑戰。」吉兒也描述到，對於「在學校一向表現優越又進入好大學的A型高成就者」來說，這是她第一次面對如此重大的失敗。吉兒嘗試在失敗經驗中學習，例如一一列出所遇到的困難、思考如何以不被挫折打擊的心態去吸取經驗、了解自己未來可以嘗試的面向、個人的未來發展方式、檢討過去做的商業決定等等。

---

40 Bravata, D.M., Watts, S.A., Keefer, A.L. et al.，「冒牌者症候群：系統性檢視」，J GEN INTERN MED，2020年4月。https://doi.org/10.1007/s11606-019-05364-1

同時，吉兒也運用自己的人脈幫助員工，將歇業所造成的衝擊最小化。在911事件之後，吉兒過得極為艱辛，但是這個經驗也教導她一件重要的事：「這個經驗絕對有讓我學到一件事，就是撐過任何事都是有可能的。如果你邀請了某些人加入一段旅程，那麼帶著他們一起走過就非常重要，這是你對他們的虧欠，必須在這條路上的每一步帶著他們一起走。」

正在擔任營運長的葛蕾茜（Gretchen），也肯定了在困境中學習的重要性。「有時候就是在糟糕的領袖身上，你才能學到自己想要成為什麼樣的人。在我大學畢業後的第一份工作裡，我的資深經理在客戶高層面前，公然把他自己所犯的技術性錯誤推在我身上。」葛蕾茜非常震驚，而主管的謊話也讓她非常氣憤，但是身為基層員工，葛蕾茜也因為太害怕而不敢直接處理這個狀況。然而，這件事卻一直如影隨形跟著她，「關於職場中的尊重方面，讓我學到很多，並且幫助我了解自己想要成為哪種類型的領袖。」

資源 Resources

我們可以從哪裡學習呢？在為撰寫這本書去進行研究的時候，我記下了一些非常珍貴的資源。這些資源主要是書籍，每本書都將會更深入的探討每個領域。假如你需要更多資訊，我同時也會提供更多其他的資源，我會將這些和其他的觀點一起列在我的網站上：alanakaren.com.

《恆毅力：人生成功的究極能力》（台灣版由天下雜誌出版），安琪拉達克沃斯

在看了達克沃斯的TED Talk影片後，我就整個陷進去了。達克沃斯的這部著作主要是在說憑著熱情與堅持來獲得成功，而不是倚靠天生的才能。我作為一個總是努力工作，但並不覺得自己很聰明的人，達克沃斯的看法深得我心。雖然有一些評論認為，這部作品只是老調重彈，但我本身卻很享受其中的故事與敘述，當中也有著證明毅力為何如此重要的研究。

《心態致勝：全新成功心理學》（台灣版由天下文化出版），卡蘿杜維克

這是在職場和我孩子們的學校裡都經常被提到的一本書籍。卡蘿杜維克的作品為如何成功準備了新的理解方式。事實上，安琪拉達克沃斯也多次提到卡蘿杜維克，所以歷史系畢業的我，便開始追溯原始素材。這本書中範例的廣度十分令我驚訝，橫跨了運動、關係、商業、親子以及教育，就算你知道卡蘿杜維克的所有理念，也很值得花一點時間翻閱。

《極度韌性：18堂心理韌性練習課，帶你一步步打造復原力+自制力+抗壓力+持續力，泰然面對工作與生活中的所有難題》（台灣版由臉譜出版），戴蒙札哈里斯

札哈里斯將心理韌性由毅力劃分出來，他認為前者是一種心態，而毅力則是一種態度或是傾向。我並沒有花時間去辯論這種區別，而是深受札哈里斯清晰簡潔的寫作風格以及書中豐富實用的練習所吸引，透過這些練習，可以訓練我們的心智更加堅強、更有力量。

—— 行銷自己 Marketing 101 ——

我覺得自己實際上還不錯，但我也知道我不是世界上最搶手的人；我覺得自己很聰明，但也不是最聰明的人；我還滿酷的，但也不是最酷的人；我完全不會以謙虛謹慎來形容自己，更接近我的可能是有一點偏激，直到開始寫書之前，我一直都是這樣。

如果你成為最有名、最聰明、最酷、最搶手的人，那麼發行一本自己的書這條路就簡單多了！因為出版商只對你所打造的平臺有興趣：你有多少追蹤人數、主講過多少場演講、曾經是多少報導中的主角……但是糟糕！當我在谷歌忙著解決問題、養育三個孩子的時候，完全沒有花時間打造Instagram的知名度或是安排外部演講。在世界衡量一切的基準下，我一點也不優秀。

不過，當我開始知道可以透過LinkedIn及其他方式來打造我的外在名聲時，我其實還是有所保留。在一場公司訓練課程裡，提到人為什麼很難改變時[41]，我意識到，對我來說謙卑是非常重要的價值，因此我會有所保留，就連在面對我強烈想要達成的目標時，都覺得好像會讓我的謙虛受傷。即便某些推銷類型的社群貼文很有價值，或是就算這種貼文極為常見，我仍會直覺地不採用。我在自我介紹裡列出那些對自己的敘述，甚至低調到讓人想要糾正的程度，那麼要怎麼透過不行銷來行銷自己？

關於這一章要如何命名，我也想了很多。「自我推銷」、「自我行銷」、「品牌建造」等等用字都有負面的聯想，特別是與女性有關的時候。根據「好好做自己」這一章，大家都期待女性謙卑，並且不可自誇，但是如果女性也想加入職場戰局，我們就得進攻，那有更好的方法嗎？這個方法就是擅長談論自己，並學著接受這件事。就像之前一樣，我也在訪問中詢問女性這個問題，不僅傾聽她們的故事，也想要知道她們的建議。

我是誰？ Who I am?

當訪問艾美的時候，我向她表示她在打造自己、行銷自己的方面非常了不起，舉例來說，我看過她在社群媒體上發布關於自己所主持以及參加活動的貼文。艾美在這方面很積極，於是我請教她，這些行為是否有助於她的事業，「雖然有時候看起來像是在追逐私利，但關於我的品牌、我是誰，還有我想要向世界表達什麼，以上這些我都想了很多。」艾美想要表現出投入社群、支持多樣性、擁有領導力和包容性的形象，「妳必須讓大家知道妳可以帶來什麼。」艾美看過被資遣或是無法升遷的人，她知道這不只是與工作成效有關，更是與如何行銷自己有關，艾美深信當她行銷自己的時候，會有意料之外的機會出現。而艾美現在的工作來自蒂伊莎的介紹，蒂伊莎也是本書中的受訪女性之一，艾美是在1999年時認識她。「因為我非常有意識地與身

---

41 哈佛大學延伸教育學院部落格，「不實踐目標的原因以及如何克服」，發表於2019年1月7日。

邊的人保持聯絡。當有機會出現時，這些人會覺得：『我知道你是誰，你應該可以把這個做得很好。』這些種子都以出乎我意料的方式開花結果，也是我刻意經營的。」

卡蘿也學到要更頻繁向別人介紹自己是誰，因為讓人留下印象很重要，「還年輕的時候、加入新團隊的時候、到新公司的時候，我通常都有點害羞。」所以卡蘿只專注在自己的工作上，也覺得這樣應該就會被注意到。「那時候我覺得他們之後就會注意到我的才能和能力，事情會很順利，但是過了很久，我才發現給人留下印象、被人看見、擁有曝光度有多重要。」卡蘿建議大家就算在初次見面的時候，也不要害怕介紹自己是誰。

發言 Speaking up

分享我們的想法和專業，也是一種行銷自己的方式，但一開始要開口可能會很困難。黛安提到了一個例子，「我曾經和兩位總監以及一位資深經理一起開會，他們討論的內容是我正在處理的工作。儘管這是我的專案，但我注意到白板前的人只一直看著會議室裡的兩位男性，而不是看著我。」黛安花了一點時間來意識到自己可以「開口說話」這件事，所以現在的她會為自己發聲。

瑪瑞莉也有類似的經驗，「我花了一些時間才明白，原來一個害羞的人哪裡都去不了。在學校裡不舉手，或是在會議裡不發言，會讓我失去很多機會。」起初覺得「總會輪到我吧！」但隨著時間過去，她意識到：「我需要為自己發言，表達我的看法，並且為我的工作發聲。」當瑪瑞莉開始這麼做的時候，她看見自己的責任與正面評價都增加了，「這感覺超棒的！」

瑪瑞莉花了不少時間調整自己，因為有很多年的時間，她都是班上唯一的女生，而且她覺得「得到的機會都是因為運氣，並不是因為實力。」後來瑪瑞莉得知了冒牌者症候群，「我才意識到我其實很擅長自己所做的事，我的成績很好，我也很擅長編碼，我理當會成為一位優秀的電腦科學家，而且我每天都可以在自己身上發現這一點。我個性害羞這件事，絕大部分是因為我一直是班上的少數女生，所以我很努力改善自己，不讓這點影響我。」

凱倫還記得她曾經認為：「管理層會認同我是有經驗的經理，並且讓我升遷。」結果事情並沒有發生。同事告訴凱倫，她必須要有企業家思維。凱倫並不習慣用這種方式思考，但她確實認為當時已經50歲的自己，看起來應該很可靠，「從來沒有人會問說：『她對科技的經驗夠多嗎？』我知道大家是怎麼想的，原來我的形象早就建立好了。」這給了凱倫展現自己的信心，「某個時候我意識到，我得要開始插嘴、說出意見，某種程度上這就是企業家思維，於是我開始構思一些事情且做出實踐。以上的這些改變，引導我接下管理整個谷歌部落格程序的職務，讓我能以主管的身分向外界宣布：『谷歌也必須要有推特，我們現在要開始這麼做了。』」

對於不習慣開口發言的人來說，一開始很困難，而凱倫在熟悉公司的過程中，變得越來越有自信，「在我真正熟悉環境之前，我一直都沒有什麼信心，因為我覺得自己好像只是公司裡的一件家具。」凱倫也把自己能夠與人連結，以及行銷自己的能力，歸因於她與生俱來的好奇心，以及能夠不斷接觸不同團隊與有趣的議題。「我應該比很多人都更有好奇心，通常我不只對某個有限的議題感興趣。幸虧我擁有很棒的職位，這個工作讓我能夠接觸更多的人，在整個公司裡認識更多的人。」凱倫建議把好奇心和認識他人當作長期工具，而不只是短期需要。這幾年來，凱倫與認識的人已建立出長期互相支持的關係。

學習轉換 Learning to pivot

在卡蜜兒試圖轉換事業跑道時，她感覺特別需要行銷自己。那時候，卡蜜兒需要轉換自己過往的經驗，讓這些經驗成為在其他領域中也可以應用的才能。卡蜜兒那時在企業育兒中心已工作了三年，開始渴望新的挑戰，但問題來了：「當你具有的特殊專長，不是在每家科技公司都常見時，那麼向人們解釋你能帶來什麼樣的價值非常困難。」

在卡蜜兒思考過後，她決定轉往一般人員運營和人力資源領域，有效的方式是「積極進行面試，主動尋找機會，並將自己推銷出去」，直到卡蜜兒發現一個與專長「具有明確聯繫」的職務，她說：「在這一團混亂中，這個職務的出現就像一道明亮的光芒，有四個分別在不同城市的團隊、四種不同做事方式，也就是我要進入不同的育兒中心，以四種不同的方式工作。最後，所有事終於塵埃落定，我有了這樣的心態：『喔！原來有一些很必要的商業技巧是我所擁有的，並且幾乎可以運用在所有事情上。』」

升級 Leveling up

能夠呈現自己，並且看起來光鮮亮麗的能力，在行銷方面也是必須的，特別是在我們的職涯進程中。卡蜜在擔任了長達九年事必躬親的軟體工程師之後，成立了自己的新公司，卡蜜說：「這對我來說是超大的挑戰，因為一直以來我都逃避管理責任，我甚至連做簡報的經驗都沒有。」以前一直都是全職編碼師身分的卡蜜馬上感覺到壓力，「要在非常短且有壓力的時間內，準備好整組管理能力，像是領導才能、簡報才能、管理才能等等。」擁有新的技能，對卡蜜來說非常關鍵，因為出資的創投公司一直想要引進資深工程副總，「出資方說：『這樣的話，妳得去上相關課程。』」卡蜜兒以「質變與痛苦」形容這段時期，後來副總引進了主管教練來幫助卡蜜，其中包含簡報訓練和神經語言學訓練，以改善說話習慣和表達方式。」

卡蜜覺得這段學習經歷是必要的，「因為我得要站在投資人面前，說服他們提供資金。我們有事業夥伴，所以我也必須和另一間公司的科技主管們開會，說服他們繼續和我們合作。另外，在我之前的工作經驗中，幾乎都是一對一溝通，而現在我是這間公司的創辦人，我需要鼓勵的不只是我的團隊而已，這間公司已經在四年之間成長為擁有150位員工的企業，我必須站出來，代表這整間公司。」除此之外，卡蜜也在學習著如何與員工互動，「剛開始的時候，我每天早上走進辦公室，走過所有人，來到我自己的座位，然後就開始埋頭編碼。公司的另個創辦人坐在我旁邊，他對我說：『嘿，妳現在是個創辦人了，每天進辦公室的時候必須和所有人打招呼，不能就這樣走過去。』」

克莉絲汀也一樣，儘管是天生的內向者，她也覺得在成為資深主管後，需要打起精神來：「我是比較喜歡待在後臺的人，我喜歡在後臺進行一切，但是現在我是團隊的主管。之前我收到來自同儕和組員的評價，其中一點是希望我能夠更常站出來。」克莉絲汀努力督促自己適應新領域，不管是在主管會議中發言，或是站在廣大的群眾面前，「如果是要站在我自己的團隊面前說話，不管人數多少都沒有問題。對我來說，困難的是要站在臺上或在大會議室裡，面對一群不熟悉的人說話。」

對克莉絲汀來說，熟能生巧是最好的練習。每個月她都會主持新人歡迎會，透過歡迎會既定的流程，讓自己適應公開談話這件事，「我覺得多練習是有幫助的，強迫自己去做這件事。」另一個對克莉絲汀有幫助的概念是：「我意識到我七年前的經理們也不完美。」克莉絲汀發現她之前的主管們雖然很強大，但也並不完美：「我看見這些主管的為人和特質，即使犯錯也沒關係，他們也會分享錯誤，對此很透明且承擔責任。」這件事消除了克莉絲汀認為必須完美的想法：「這樣壓力就比較小了，對吧？站在大眾面前的時候，沒有做好也沒關係。你知道還會有下一次機會，而且沒有人是完美的。」

資源 Resources

在這個章節中，我想要刻意避免「成為網路意見領袖」這樣的討論方向，因為這可能只適用於我們當中的某些人。每個人的偏好都有所不同，基於我的個人經驗和有關自我行銷的廣義概念，以下是我的建議書單。

《做自己：本色、領導力以及個人品牌》（Just Do You: Authenticity, Leadership, and Your Personal Brand），金麗莎

本書教你成為符合現代與未來潮流的領袖，內容也適用於更寬廣的層面。本書深入分析、理解我們的動機，以及我們如何接收外界事物。此外，還有一本相關的線上工具書，包含大量練習，可以幫助理解。

《相信自己很棒》（You Are a Badass: How to Stop Doubting Your Greatness and Start Living an Awesome Life），珍辛塞羅

這本書的寫作風格就像是一位親密好友給你的鼓勵，我喜歡它有點非正式、接地氣的敘述方式。在第二部「如何擁抱自己內在的狠角色」中，有很多獨到的見解。舉例來說，有些人習慣拿自己開玩笑，但這種方式其實是自我毀滅，而且有損我們在別人心目中的形象，所以我們應該停止這種貶損自己的幽默。

在我的Instagram上，我也推薦了@thealisonshow，這是一位網路意見領袖和品牌打造大師，她經營Podcast、部落格以及品牌管理學校，她有許多的貼文也是與如何善待自己有關。

── 開口要求 Ask ──

最近我參與了一間科技公司的會議，討論的主題是科技圈的女性，有人提問：「可以給年輕時的自己什麼建議呢？」我回答：「開口要求。」要懂得為自己想要的、需要的事物提出要求、提出問題，因為最糟的狀況就是「回顧職業生涯時，妳才後悔自己都沒有開口要求」。

我的成長方式讓我有一種「這樣就好」的心態，我傾向預期很多事沒有用或不可能，更糟的是我根本不會提出問題，或是思考可能發生的改變，這種心態影響著我的一生，在職場中尤其糟糕。幾年前，我很疑惑為什麼我明明在所有相關領域中都表現得那麼好，我的經理卻沒有讓我承擔更多的責任。後來我才知道原來是因為我的同事們都會開口要求，於是他們也都得到了機會，但當時我不明白，我的人生經常充滿這樣的謎團。

原來，其他女性也擁有相同的個人困擾。在2019年LinkedIn 性別洞察報告（Linkedin Gender Insights Report）中，針對男性和女性看待工作的方式不同做出分析。根據LinkedIn數據，瀏覽工作職缺後會提出申請的人數，女性比男性低16%，而女性提出的工作申請件數也比男性低20%。在另外一份研究指出，女性認為她們必須100%符合職務說明才會提出申請，男性則是符合60%的職務條件就會提出申請。此外，女性也較少要求自己在求職公司中的熟人介紹工作。[42]以上這些都是「提出要求」的形式，不管是針對工作，或是單純地尋求幫助。

過去幾年，我一直嘗試著詢問自己下列兩個問題，希望藉此來打破這個模式：

「**有何不可？**」如果我覺得我可以做某件很棒的事，我就必須叫自己腦中那個唱反調的想法閉嘴，並且進一步問自己這個問題：「有何不可？」當看到我的谷歌光纖團隊的客戶服務獎申請書時，截止期限早就過了，但我問自己：「有何不可呢？」幾個月後，我的團隊就抱著第一名回家了。

「**有錢人會怎麼做？**」各位！這個問題對我很有用！內心小宇宙的對話範本如下：

——我：我該來寫本書嗎？

——我：有何不可？

——我：好，但我要怎麼開始呢？

——我：嗯……有錢人會怎麼做啊？

---

42 Ignatova, Maria.，「新報告：女性申請的工作比男性少，但更容易獲得聘用」，LinkedIn人才部落格，2019年3月5日。

——我：我猜他們會先找個知道怎麼做的人，問他一些建議。

——我：那他們怎麼知道去哪裡找到這個人？

——我：他們應該有認識的吧！

——我：那我有認識的嗎？

——我：等等，我有耶！我有認識的人。

永遠要記得提出你的要求。尋求幫助不表示你很軟弱，這是別人都在做的事，也是最應該做的事。去年，我聯絡了很多認識的人或是其他人，來尋求關於出版的建議。有人拒絕我嗎？一個都沒有；我有獲得意見或是支持嗎？當然有。

和自己對話看起來好像很荒唐，但我知道這麼做是在訓練我的大腦。我逼著自己看見機會、尋求幫助，並且嘗試新的事物。如果你是一位主管，我希望你在看著自己的員工時，會記得「那些看起來企圖心不太旺盛的人，可能需要一點幫助來看見機會」。以下還有關於「開口要求」的其他故事，以及女性如何在領域中使用她們的技巧。

機會 Access

蜜雪兒回顧事業中的挑戰時，「我感覺我必須為了獲得新機會而戰鬥。」蜜雪兒覺得一旦獲得了新的工作，接下來事情就簡單了，只要表現優秀就可以了。但挑戰也不見得都是與新工作或新任務有關，「有時候挑戰是加入某場會議、參與某些決策過程，有時候則是成為被考慮的人選。」蜜雪兒必須轉換自己的想法，思考推銷自己的方式，好讓自己能夠獲得更多機會。

蜜雪兒注意到，隨著自己越來越資深，技巧也更加成熟了。「坦白說，我升上總監這件事，讓我的人生大概輕鬆了一百萬倍。擁有這項頭銜不只讓我覺得開心，在實際上的幫助更多，例如在出席會議、跟別人首次碰面時，他們會認為我有足夠能力處理工作，這在會議當中的幫助實在太大了。」而回到重點，「我嘗試過幾百萬種不同方式，都不是什麼不得了的做法，但有些幫助真的很大。」蜜雪兒舉了幾個例子，像是「自顧自地談論自己的成就，效果會很糟，但完全不提自己的成就，那也一樣糟糕，所以建議大家有意識尋找一些方法，讓大家看見你的成就。」

蜜雪兒最常給資淺員工的意見是什麼呢？便是「開口要求」。曾經有員工告訴蜜雪兒，自己對某項專案有興趣，結果卻被別人拿走，「我問他：『你有跟任何人講過嗎？我們要期待大家都能通靈嗎？』」另外，她也曾在發生爭執的時候，被同事告知說：「『我們對這件事情有衝突，是因為我希望他們做A事，結果他們卻做了B事。』我就問他：『那你有問過他們嗎？』」身為科技圈中的少數人士，蜜雪兒表示：「如果很少有人聽到你說話，也不太會有人想到要照顧你，那麼人們一定不會注意到你有什麼不開心，所以對於這些事情的表達，你必須更刻意且更明確。」整體來說，蜜雪兒認為如果大家都明確說出自己想要什麼，事情會進展得更順利。

一點一滴 Bit by bit

克莉絲則提醒我們，不會突然之間需要改變行為，「不應該是瞬間的切換，而是逐漸增加我們的重要性。就像在會議中，妳是這裡最資淺的人，也是會議上的唯一女性，但是沒有關係，一步一步慢慢開始。」克莉絲想要確保我們都在帶領、指導彼此，並且積極拒絕自己不喜歡的想法：「妳必須這樣，不然就是接受他們的想法。」克莉絲的經驗是：「所有女性都有能力在會議中扮演更重要的角色，我們需要的只是擁有正確管道來達成目標。」

克莉絲甚至是透過教育身邊的男性，來使他們成為願意發聲的人。當克莉絲任職於技術支援部門時，整個團隊中只有男生，克莉絲會和大家分享她過去所遇到過的狀況：「我那時是團隊經理，我接到一通電話，而對方說：『可以換個男生來跟我說話嗎？我要找妳的主管。』我回答他：『我的主管是副總裁，所以你現在正在說話的對象就是這裡的主管。』」克莉絲團隊中的男性都嚇壞了，無法想像現在還會發生這樣的事。「我認為如果妳不開口說這些事，別人也不會提起，所以請教育妳身邊的人，讓他們知道女性所面對的現實狀況。另外，我可以和妳賭上五塊美金，我團隊中的男性一定會有人向他們身邊的人分享這個荒唐的故事。」

佩佩（Peipei）則強調一些我們可以花時間慢慢努力的事，例如不要接受小幫手任務，像是籌劃派對或活動這類事情。「開口要求幫助，並明白這些事情不是我們的責任，這就是設立界線的方式。」如果這不是妳的工作，就開口要求他人來協助；如果經歷到讓妳不舒服的事，就開口向一個會支持妳的人尋求幫助。最重要的是要專注在「發展妳的強項，或是科技方面的深度。我認為可以做其他的事情很棒，但這些不是女性的責任，不要總是當那個自願規劃活動、生日派對或是嬰兒週歲派對的人。」佩佩提醒我們，社會可能盯著我們、期待我們接下這些事，但這不表示我們就得這麼做。「社會可能會提出要求，但妳不需要回應，我有時候會開玩笑說：『妳可以做得爛一點，這樣就沒有人會再叫妳做這些事了。』這是從我的兄弟身上學到的，他經常故意打破盤子，因此再也沒有人叫他洗碗。」

自我訓練 Coaching yourself

彬姆認為開口發言和提問都很困難：「我成長於非常傳統的權威式亞洲家庭，所以回嘴或是說出心裡想法，有時在我們家裡不太行。」而彬姆現在所任職的公司裡，提出意見則是一種展現文化與領導風格的方式：「你必須質疑自己在做什麼，沒有人會給你列出所有答案，所以你必須自己調查研究，甚至得要探討假設前提是否正確。」儘管彬姆一向擅長運用資源，但對她來說，挑戰權威仍然非常困難，舉例來說，「在一場有很多資深員工的會議裡發言，特別是當中有些經理之間已經有了革命情感，或者是有些人固定只會支持某些特定人的發言，這種狀況對我來說，像是針對我個人的挑戰。儘管我可以出席會議，但每次可以開口發言時，卻都好像是我被給予了什麼特別待遇一樣。」

為了對這個狀況做出處理，彬姆提高自我意識，並且經常提醒自己：「沒事的，不要為了提問而感到恐慌，不會有人拒絕妳，也不會有人覺得妳很蠢，所以提出問題吧！或是也可以對妳所聽到的事情提出意見。」在彬姆經常作為群體中唯一女性時，她經歷了這段歷程，「以前我會為此感到恐懼，但現在我覺得我已經可以面對了。」

溫蒂也為她的事業做過類似的努力。那時還是美容師的溫蒂，努力想要進入科技業，而她最終成為一位資訊安全工程師：「我不斷提醒自己要提出問題，這不是件容易的事。」最近，溫蒂出席一場活動，並列席作為講評人，分享她如何獲得資訊管理的職務，而她告訴大家的重點亦是「必須提出問題」。「我拿下了這份職務，所以我必須要有信心說出：『我是因為表現得夠好，才有資格獲得這份工作。』同時也必須有自信說出：『嘿！你能不能夠幫我解釋一下這個。』」儘管溫蒂的職業跑道有如此大的轉變，要能夠在會議上自在提出問題，還是花了她不少時間，「對我來說，要承認我不懂，就像是要跨越一個巨大的障礙。」以前，溫蒂經常整場會議都裝作理解：「實際上，我一點都不懂，完全不知道大家在說什麼。」幸好，溫蒂的團隊成員都很支持她，溫蒂才能越來越有自信：「我經常會問一些我自認為很蠢的問題，但他們會回答我說：『這不是什麼笨問題啊！』然後他們會用心仔細地向我解答。擁有一個可以提出問題、一起討論的團隊真的很好。」這樣的氣氛不僅給了溫蒂勇氣，也讓溫蒂找到歸屬感：「我能夠豪無顧慮說出『我完全搞不懂』，是因為沒有人會批評我和責罵我。」

在家也能提要求 At home too

在雅德莉安努力嘗試平衡工作與生活，以及養育三個孩子的忙碌時，她發現每星期能夠居家工作一到兩天，對她來說很重要。「在生完第一胎與第二胎之後，我固定每星期居家工作一天。」後來雅德莉安向經理要求再增加一天居家工作的時間，於是變成一個星期兩天。之後，雅德莉安換了新的經理，她告訴這位經理過往都是如此安排的，而之前的經理也支持她，所以新的經理也順應了這項安排。「我能夠維持這樣的生活節奏，繼續打造我的團隊。我跟每個人說：『我一直都是這樣安排。』而大家給我的回應都是：『很棒啊！擁有工作與生活的平衡耶！』」

雅德莉安同時也認為，家庭生活裡獲得幫助很重要。有另一位媽媽朋友告訴她：「把所有不喜歡做的事情都寫下來。這可能是洗衣服、陪小孩洗澡或是做晚餐之類的事，花錢找人來做這些事，然後把剩下的時間花在妳想要做的事情上。」雅德莉安認為，金錢是很真實的限制，不是所有狀況都可以用這個方法處理，但不管是不是花錢找人，雅德莉安建議可以用這種方式來練習尋求幫助：「後來我嘗試在晚間聘請別人來幫忙，我心想：『哇！你得要做十件我討厭的事耶！』也因為這樣，我可以想回家就回家、可以帶孩子出門走走、晚餐也都準備好了，這樣的做法讓我覺得很好。」

友蘭達（Yolanda）也需要有人幫忙處理家務，「我的先生在臉書工作，所以我們也是雙薪家庭。每天褓姆會來家裡四個小時，幫忙接送小孩、準備晚餐、打掃家務、洗衣服和採買日用品，這是我們對育兒和家務方面的處理辦法，我們也確實獲得了幫助。」

這邊補充說道，針對「請人協助家務」這件事，其實並不是每個人都負擔得起費用，所以我要強調的重點並不是「花錢找人」。另外，如果我們能夠獲得更多幫助，接受自己需要尋找幫助，也意識到我們值得尋求幫助（在後面的章節中會有更多相關討論），那我們的狀況就會越來越好！教養孩子需要眾人一起努力，假如我們能夠多運用他人的協助，在家庭和事業中就更能成功。

資源 Resources

《鏡與窗談判課：哥大教授、聯合國談判專家，教你用10個問題談成任何事》（台灣版由先覺出版），愛麗珊德拉卡特

我根本沒料到自己會喜歡這本書。一開始，我以為這本書只和正式商業談判有關，而卡特教授以另一種方式重新架構協商這件事，將協商帶到可以影響我們生活的層面。卡特教授帶領我們在向他人提出要求、滿足我們的需求之前，要先了解我們自己的渴望。同時，這本書中所使用的隱喻：「鏡子」與「窗戶」，是非常有效且實用的工具。

《提出要求：運用女性的談判力達到目的》（Ask for It: How Women Can Use the Power of Negotiation to Get What They Really Want），琳達芭布蔻、莎拉萊斯奇佛

在我閱讀其他文章時，琳達芭布蔻不斷出現在參考資源的欄位，於是我進一步閱讀這本書，以及作者其他針對談判以及性別差距的相關著作。這本書中有豐富的故事與建議，同時也超越了我對傳統談判的認知，幫助我思考自己在生活中想要擁有的是什麼。

—— 尋求支援 Find support ——

我花了一段時間，才認知到其實自己需要幫助。現在回想起來，關於這一點，我覺得自己蠻蠢的。我一向是個獨立的孩子，長大之後也成為很獨立的大人。我一直都是那種會自己收拾行李、獨自開車前往另一個遙遠城市居住的人，然後年復一年的租房子和搬家。直到有一天，我終於發現世界上有搬家工人這種行業，而且我還負擔得起費用，所以後來我也第一次花錢請人搬家和打掃家裡，直到幾年之後，這段往事每當回想起來，都像有天使在唱歌那樣美好。除此之外，過了很長的一段時間，我才開口尋求職業方面的幫助，又花了更久的時間來聽取別人的建議。事實上，我根本不認為自己能夠成為寫書方面的專家，動筆開始撰寫這本書時，我看見自己的一無所知，並且需要作家前輩或是熟悉出版業之人的幫助。在那之前，我都認為得靠自己把事情弄懂，從來沒有認真考慮過尋求引導和幫助。

結果，我落入了老套的陷阱。如果「一知半解」是這場苦戰的一部分，那麼「一無所知」就是這場苦戰的另外一部分。不管是追求薪資或是爭取更好的職位，一無所知讓我們無法達到自己想要的目標，因此尋求幫助就是當我們缺乏洞見和知識的時候，可以採用的方式。後來像Ladies Get Paid這樣的團體如雨後春筍般冒出，他們便是針對從談判到了解自我價值等一系列相關議題去開設課程。[43]在我訪問時，相較於已經找到人可以聊聊工作、分享經驗、交換想法的女性，其他一部分的女性聽起來完全是靠著自己摸索職涯，因此她們所分享的事情，也比較多是擔憂與不安。這其實也有道理，當我們必須獨立進行所有決定時，我們就很可能會自我懷疑，例如沒有人能夠幫助我們思考是否接受一份新工作，或是否要開口向經理要求加薪。此外，找到同儕團體來幫助你理解一般薪資行情、薪資分析，這在財務考量方面也非常關鍵。

支持的形式很多，無論是透過同事朋友、參加訓練課程或是群組，也有些在職場以外的群體，例如Lean In組織、臉書的科技圈女性群體以及部落格。關於「找到自己的群體」這個概念，在我的訪問中多次出現，這表示我們需要有「歸屬感」，無論是透過出席會議建立的關係、找到適合的團隊或是加入與我們價值觀相符的好企業，女性都能因為他人理解並支持而感到安慰滿足。我們所獲得的幫助也可能延伸到工作議題之外，伴隨探討女性的整體生活，通常作為職業婦女，會尋求的建議包含工作、婚姻、親子、醫療和法律等等。

---

43 Ladies Get Paid，「教育：幫助你在事業上進步的課程」，於2020年6月3日造訪網站。

找到彼此 Finding each other

不管是透過同事還是組織機構，艾美非常建議尋求支援。「我喜歡在我自己和其他人周圍建立一個支持團體。妳知道，在科技領域中有一千萬名女性，有組織、機構和高峰會可以提供支援，妳一定會找得到幫助。」艾美以Lesbians Who Tech、the Out and Equal會議以及她所參加的科技女性高峰會為例，她也運用自己的Wellesley校友圈來與他人連結。在艾美任職的公司裡，她也推行了Lean In組織，「我無法想像世界上有可以不與他人互動而繼續過日子的人，所以和妳的人際圈連結吧！」艾美認為，如果不互相幫助來度過困難，或是學習彼此的經驗，那麼生活會非常辛苦，更重要的是透過和別人談論，妳可能會發現自己的盲點，或是找到自信。

艾許莉則認為Girls Who Code會議非常激勵人心，這也是她所參加的第一場科技圈女性活動。之前艾許莉一直在猶豫是否要加入這個活動，因為她並不知道會發生什麼事，但實際去到坐滿其他女性的會議廳裡，本身就是值得紀念的一刻。「我還記得，當時我環顧四周，看到的景象深深震撼了我。這是我人生第一次和這麼多女性軟體工程師待在同一個空間。」艾許莉也提到自己大學時，班上的女性人數少之又少，所以看到會議廳裡的景象，更是覺得「天啊！這真是太棒了！」

除了人數以外，艾許莉也覺得會議的內容非常發人深省。舉例來說，那場會議裡有個主題是關於冒牌者症候群，「令我感動震驚的其中一件事就是，雖然我不記得演說者的原始用字，但大意是說『每個人都有屬於自己的經驗和觀點』。擁有觀點非常重要，我們每個人能夠拿上檯面的都是獨一無二，因為沒有任何人可以擁有完全相同的經驗，你一定可以看見某些別人忽略的事物。」

凱西則為了有Girls Who Code這樣的組織以及少數女性組織的存在而感到開心。「透過這類團體，我們有機會認識其他人，為彼此提供幫助，並且獲得正式的指導課程。」凱西剛開始就業時，還沒有接觸過這類組織，那時她也完全沒想過這些，「那時我覺得，工作就是這樣子，面對它就是了。」

然而，當她覺得自己處理得不錯，也越來越強壯時，凱西開始認為支持很重要，「身為女性或有色人種女性，不管在任何企業裡、擔任何種職務，都要找到盟友。」盟友不分型態或種族，重要的是「確定你不是與世隔絕，有一些人可以為你提供意見和建議，這樣可以幫助你在事業中的發展和決定。」凱西以他的工作共享空間The Wing為例，那裡非常鼓勵人際連結。最近有一名女性，透過The Wing的內部訊息系統，邀請凱西擔任她的導師。凱西一開始並不確定自己能夠指導她什麼，因為這位女性還處於事業較早期的階段，而她在工作簡報的場合又不太敢發言，「這位女性的工作場合中，有些白種男性喜歡大放厥詞又能言善道，而且還擅長用漂亮的言語來讓客戶心花怒放，她說：『他們真是舌燦蓮花的業務員，我不認為我擁有那樣的技能，所以其他人都不怎麼認真看待我，看待他們卻很認真。』」凱西鼓勵她運用「妳擁有而別人沒有」的技巧和能力，因為凱西發現這位女性非常注重細節並且誠實，於是建議對方運用這些來自她本質的特性，來建立客戶對她的信任。

溫蒂在一場資訊安全會議中，有很不好的經驗。一位男性工作人員不肯把會議活動衣物發送給她，因為這位工作人員不相信溫蒂是資訊安全工程師。溫蒂提醒我們：「世界上有很多不相信妳的人，他們都會讓妳感到洩氣。」而溫蒂的建議是：「不要理他們！找到那些願意支持妳、鼓勵妳和志同道合的人，無論家人也好，其他同事也好，不要讓這種在會議裡遇到的人，告訴妳哪裡不夠好或該做什麼。」

決定自己的老闆 Pick your boss

克莉絲坦這麼說：「一定要自己決定老闆。」當克莉絲坦談到女性所需要的支持時，這是她想到的第一件事：「參加面試時，特別是在事業初期，妳一定會因為獲得工作而感到興奮並擁有動力，但在某種程度上，妳也在選擇妳的老闆。」作為四個孩子的母親，克莉絲坦準備了一份在工作面試中，會向老闆提出的問題：「我一定會問面試官的配偶是否有在工作，因為我覺得如果我的老闆也有全職工作的配偶，他們會比較容易理解我。」克莉絲坦需要工作上的彈性，她希望自己的上司能夠很自然地理解她的狀況，這樣她就不用費力說明。克莉絲坦也提到：「關於主管們的決策、他們如何看待事物、如何解決問題以及他們的失敗經驗等等，我想要知道他們對自己有多少認識、他們的願景又是什麼。」確認自己可能的未來主管符合哪些條件，幫助克莉絲坦理解他們有多大的願景，又如何經營自己的每日工作環境。

伊莉莎白說：「整體來說，我在所有公司裡都擁有正面經驗。」而她的建議是：「在某個時間點，妳必須知道自己也在選擇可能任職的公司，並且判斷他們的工作環境和福利是否適合妳。」伊莉莎白知道，做出決定是我們的責任，不可能把責任外包給別人，「所以妳得好好做功課，仔細思考這間公司是否擁有適合妳的文化，是否可以好好讓妳發揮能力。」

我問到伊莉莎白的探索過程和她的建議，她也說：「關鍵就是好好了解妳的老闆是怎樣的人。」和克莉絲坦一樣，伊莉莎白也希望大家可以了解自己的老闆和他們的處事方式，「某種程度上，我真的很希望可以瞭解他們日常工作是怎樣的、他們如何關注所有事物、是否會邀請一對一對談。」這些問題都能幫助她理解「每日的工作節奏如何運作，因為這些都決定了我們可不可以成功。」

找到合適的文化 Find the right culture

友蘭達也建議把目光提高。不是在科技圈裡的所有工作經驗都讓友蘭達感到愉快，她認為新創公司的文化特別不適合，「新創公司的領導力和文化絕對不是很深厚，在那裡工作完全不是什麼愉快的經驗，有強烈的刻板印象、對女性不太友善。」而她針對這點的建議是：「去思考妳想和什麼人一起工作，妳也可以透過LinkedIn或是Glassdoor評分等資源，來尋求意見。」

卡蜜也認同這個觀點，「文化真的很重要，選擇有包容性的環境吧！很多人會根據專案或其他因素來選擇工作，但如果妳想要擁有快樂，文化這點是最重要的。在我30年的工作經驗中，我執行過各式各樣的專案，待過新創公司和大企業，經手過的專案與引進市場的產品也多到數不完，但現在我明白，我能不能開心工作，是受到環境中的人所影響。」

資源 Resources

《圓桌論壇：聽見無聲的恐懼並消除差距》（TableTalk: Hearing the Silent Fear and Bridging the Gap），夏莉摩絲（Shari Moss）、梅根費茲派翠克（Meghan Fitzpatrick）

在我尋找資訊的時候撞見這本書，真是令人開心的驚喜！本書鎖定的銷售族群是千禧世代，但是當中針對打造屬於自己的團隊成員議題中，包含強而有力的跨世代建議，這對我們人生中的許多時刻都很重要。讀了這本書，也讓我開始思考，哪些人會是我的人生團隊成員呢？

《謹慎的職涯：在21世紀選擇事業、找工作、經營自己的成功》（A Mindful Career: Choose a Career, Find a Job, and Manage Your Success in the 21st Century），卡蘿安溫特沃絲（Carole Ann Wentworth）、艾瑞克溫特沃斯（Eric C. Wentworth）

這本書簡直是現今工作市場的百科全書，包含了一切需要知道的事，例如：如何瞄準正確事業、如何獲得工作。我特別喜歡的是，本書還納入在面試時對雇主與公司文化應做的調查，在書中的篇章名為「在確定接下工作之前，你會希望自己有做的事」。

《越內向，越成功：Google媒體關係總監、Twitter總編親授，給內向者的無壓力社交法，輕鬆建立深刻人脈》（台灣版由商周出版），凱倫維克爾

在谷歌公司裡，其實我跟凱倫維克爾沒有很深入認識，我對她所熟識的人也認識不多。儘管我們已經許多年沒有聯絡，但在我準備這本書的時候，我仍透過LinkedIn聯繫了凱倫，想要和她討論她之前的寫作經驗。既然凱倫擁有科技圈的任職經驗，現在也擔任顧問，因此她也成為我的訪問對象之一。如果你很討厭交際，這本書就是為你所寫的，以系統性的方式解說，如何在舒適圈以外與他人連結。

其他內容敬請參考附錄中的「導師指南」，或在我的網站上（alanakaren.com）也可以取得。

—— 承認自己很棒 Own your awesome ——

在撰寫這本書的時候，很多人都問我希望讀者從中獲得什麼。這本書裡介紹了許多的故事、概念以及工具，而我寫這本書的最大目的就是希望妳會覺得在科技圈裡擁有歸屬感，並且知道妳已為科技圈帶來唯有妳才擁有的獨特優點。我深切地希望妳能夠儘早擁抱這份歸屬感，而且這份歸屬感會一直存在於妳的職涯中。

為什麼呢？雖然我不是擅長精心策劃未來的人，但我認為整體來說，女性在小時候都被反覆教導不要想得太遠或太大，而且要我們經常自我質疑。我們在很小的時候就知道「所有小事都可能變成用來羞辱我們的契機」，例如穿著、髮型、作業上的字體整不整齊、我們是不是親切又直率、是不是太吵鬧或太強勢。我們一次又一次被塞回這個隱形的限制之中，因為對整個社會來說，這樣處理比較方便。雖然現在的社會已開始改變，但這世界不會一夕之間進化，就像我們身為其他類型的少數人士時，經歷過的各種不同的歧視，都有不一樣的歷史與意涵。

女性在經濟方面的活化，除了帶來各種正向發展結果之外，還能增加生產力、經濟多樣性以及平等收入。舉例來說，根據經濟合作暨發展組織，增加女性員工比例至符合瑞典水準的程度，可以提高國內生產毛額超過六百萬兆美金。儘管大家都認同這一點，但這項優勢卻沒有自動地促成性別平等的進步，反而因為性別差距消耗了15%左右的國內生產毛額。

先不談大規模的社會衝擊，妳的感受對我來說更加重要。妳深受不安所苦嗎？妳覺得職場環境在佔妳的便宜嗎？妳想要的不只是現在的生活嗎？妳喜歡自己嗎？在訪問女性時，我們共同的想法都是「希望年輕時的自己，不要對自己有那麼多的懷疑，要多去擁抱自己的才能，記得開口提出需求，也不要因為別人的影響而退縮。」我能夠想像，如果我們早點知道該怎麼做，世界會變得有多麼不同。假如20歲時，我們就明白自己能夠主導會議，而不是30歲才發現；如果25歲時，我們就相信自己可以帶領團隊，而不是到35歲才知道。

以下的故事是職場女性需要知道的一切，包括了主角們說出她們對自己的認識，以及自認還需要學習的部分。我真心祝福這些女性和各位讀者，但願我能夠揮揮魔杖，就把美好的感受裝箱送給各位，但這是項艱鉅的任務，所以請各位閱讀以下故事時，思考什麼時候妳也曾有過類似的感受、什麼情況下妳也有同樣的領悟、或是在什麼時候妳想要得到更多。然後，從明天開始，不管別人是否有稱讚妳，請試著在每一天中都記得自己很優秀。

我的強項 My own strengths

艾許莉透過發展興趣，以及發揮自己的獨特才能而找到自信。「我擁有工作和生活的平衡，也擁有其他興趣。我覺得這樣很好，這些能為自己帶來不同的想法。」艾許莉說自己因為能和難搞的人共事而獲得稱讚，她也從這些人中得到力量，「那些人沒有欺負我，他們就只是很暴躁而已。我知道我不是世界上最強的編碼師。」艾許莉喜歡自己能夠在人際技巧、解決問題和獨立性這幾方面找到平衡，所以隨著時間過去，她慢慢理解自己的優勢。

安妮則透過在職場的語言能力找到信心，不管是在科技方面，或是團隊內部的術語溝通。安妮在承接任何職務時，都會全力以赴，並找出能夠貢獻更多的方法，「我常在想，我得上什麼課才能加入他們的技術討論？或是我該怎麼做才能學到更多？」這不僅是要為了科技而學習科技，安妮認為知道自己的優勢與弱點很重要。安妮熟習語言，並成為有效率的溝通者，這是她的重要優勢之一，「我像是個愛和人打交道的翻譯員。我也常在想，要怎樣才能幫助理解？要怎麼做，說話才能更有分量？」安妮任職於工程及商品團隊，並讓自己擁有優秀的語言能力，這不僅能夠幫助她的團隊成功，藉此也能夠讓安妮說話更有份量、對主管更有價值，進而獲得好名聲。

莎拉說，她還記得我過去一場演講內容，那是直接從珊達萊姆斯（Shonda Rhimes）的著作《這一年，我只說YES》（Year of Yes）裡借來的。「我記得有說到一件事，就是每當有人讚美你的時候，只說謝謝就好，不要再多說什麼，這件事就這樣烙印在我的心中。」莎拉通常會退後一步反省自己，但她發現這麼做會讓她不太能欣賞自己和發現自己的優點，「我一直把時間用在思考：『我該怎樣做得更好？哪些部分還可以成長？哪些部分可以再改善？哪些部分可以再進步？』我幾乎沒有花時間思考：『我今天是多厲害啊？我是怎麼做到的？是什麼讓我這麼成功？』」

對自己保持真實 Be true to yourself

貝兒薇亞分享了有關她在科技圈工作時和副總裁溝通的故事。那時，貝兒薇亞持續向副總裁要求回饋意見，並且明白地告訴副總裁，她偏好直接且坦白的溝通方式。「就算有些意見會讓我沮喪，那也沒關係，因為我很想知道該改善什麼。」那位副總裁總是回應說她做得很好，但是他卻也會和其他人抱怨貝兒薇亞的工作。而當貝兒薇亞直接請副總裁回應這件事，副總裁毫不理睬，只說：「我只是跟別人聊聊而已。」時間一久，這種情況讓貝兒薇亞開始懷疑自己，「我開始犯錯，也會感到不安。還記得那時我都快崩潰了，這讓我元氣大傷。」最後，貝兒薇亞只好轉換職務，選擇對自己真實並面對自己的需要，「我以前從來沒有為了任何事壓力這麼大過，這都是因為他不肯誠實面對。」

貝兒薇亞說：「建議大家都要學習真實面對自己，不要讓別人造成我們的不安，也不要讓他們把你分類。這世界永遠都會有和妳唱反調的人，妳必須學會對他們充耳不聞，不管別人怎麼想，我希望我們都能堅持自己所選的路。」我們也談到為什麼她花了不少時間才決定離開當時的職務，貝兒薇亞認為是因為年齡和成熟度，但她也認為有一部分是因為身為女性的她，一直想要嘗試改善狀況。「我想要開開心心，想要讓所有事情都變好，這些都是我一直想要成長的部分，但當時我應該要停損了，我不該撐了六個月才離開，應該要知道『永遠不會有用的，為何還要繼續浪費力氣？』而現在我知道了。」

雪瑞也以類似的感覺回應。當我問到她如何摸索證明自己價值的過程，她回答：「當妳已經沒有那麼在乎，那就對了。如果妳不介意說出：『喂，我還沒講完耶！』或是『等等，這不就是我剛剛說過的嗎？』當妳不在意『必須堅持自己』這件事時，妳就差不多知道自己的價值了，加以練習就會發現，在職場上妳確實擁有一席之地。」

敵人 Our own enemy

訪問這些女性時，我也注意到一些問題，其中一項是我也很熟悉的，就是有時候我們會限制自己的眼界，讓自己裹足不前。當我問到貝兒薇亞關於事業上的挑戰時，她說自己就是最大的阻礙，「我經常會自我懷疑，像是事情發生的時候、換工作的時候，或是擁有新機會的時候，我總會覺得我不該擁有這些。」貝兒薇亞覺得這些應該與她的成長背景有關，「我的母親……是吉姆克勞（Jim Crow）時代的人，她是在當時的南方長大的。」小時候，貝兒薇亞的家政老師一直鼓勵她往時尚圈發展，「我告訴媽媽這件事，她總是告訴我，『因為是黑人所以不可以』、『時尚圈不會接受黑人』、『為什麼要自願到那些地方、承受這些事情？』、『這些都只會讓妳受傷』之類的話。」在和身邊正向的人相處後，貝兒薇亞慢慢學會平息心中的負面聲音，也找到能讓自己前進的方法，她認為是朋友與導師們的功勞，幫助她為自己的思考模式做檢查。

清也有類似的經驗，她一直很努力消除自己內心的負面聲音，避免點燃內在的不安感。科技圈的同儕可能對清或她的職務有先入為主的想法，清也說出那些令她裹足不前的原因：「有人會跟我說：『你是科技女性耶！』我就會說：『沒有，我不會寫程式，也不是工程師。』」久而久之，清也就越來越適應這樣的身分，「我花了一點時間才意識到，不對！我就是女生，我就是在科技圈裡工作，而且我有很大的貢獻。」但是有時候，負面想法仍會戰勝正面思考，「我一直需要強化內在的正面想法，因為我內在的批評聲超級大。那種批評的聲音會讓我無法前進，並且會在任何人開始壓制我之前，我就會先壓制自己。」現在的清仍必須費力地去控制不安感：「我得要很大聲地蓋過內在的聲音，才能夠在會議裡發言，因為我還是懷疑我自己。」

不安 Insecurity

對我們的個人成長與事業成長來說，有一項很真實的威脅，就是我們內在的不安。蘿拉也談到在這幾年當中不斷來來回回的不安感：「特別是當事物在不斷改變，一分鐘能前進一百萬哩的時候。除此之外，在我提出反對意見或是別人可能不同意的想法，我會感覺很混亂和畏懼。」蘿拉認為這和她的性別與年齡有關，「在工作上，我是主管團隊中最年輕的，而且有長達一年半的時間，我是其中唯一的女性。雖然有時候我覺得充滿自信，我的發言可以被大家聽見，也有勇氣教導所有人採用不同的觀點，但也有時候，我感到必須證明自己的價值，並且說服自己可以在會議中發言。」蘿拉無法很精準指出究竟是什麼原因，讓她有這些感受，是會議中發生的事嗎？是當天發生的其他事嗎？還是她內心的轉變？「我是非常情緒導向的人，自覺能力也很強，所以經常比別人更常坦露內心情緒，但這會讓我很脆弱。」在面對問題的時候，蘿拉甚至會一肩扛起所有責任，但是別人並不會用同樣的方式回報，「假如我身邊的人不會像我一樣去爭論（縱使我認為這是建立強大領袖團隊的關鍵），我這樣就會顯得很奇怪，好像赤裸裸地敞開，但其實不太適當或是沒有必要。」蘿拉發現，在主管教練的幫助下，透過正念、冥想練習，情況有所改善，但她仍努力在生活與工作的壓力之下，找出時間去改變自己。

你是值得的 You are worthy

或許在事業中妳很難認為自己優秀，我可以理解這一點。那麼，如果先從家裡開始呢？我希望女性都能知道自己要設立界線、適度休息、擁有健康的家庭生活，因為在各方面都犧牲自己的價值觀，沒有辦法長久支撐我們。

喬治亞有了第一個孩子，現在的她正在思考要如何平衡家庭與工作。「我覺得我得先知道自己想要怎樣的空間？哪些事會讓我開心？我可以要求哪些事？」她談到希望在工作上，可以少一點隨傳隨到，或是隨時待命的要求。理解自己想要什麼並且積極尋求之後，喬治亞認為接下來的事，就是必須堅持下去。「如果我真的能夠獲得我所追求的，我就必須維持住自己的界線。」她知道自己一向都會選擇加班來完成工作，但家庭事務有時候先生也會請她幫忙。「這是我所做的選擇，但這些行為會助長惡性循環，不夠敏銳的人不會察覺到這個狀況，所以就會繼續下去。」現在喬治亞覺得，結束這樣的循環是自己的責任。

安妮也提出類似的想法。在尋找平衡時，我們說不定就是自己最大的敵人。「我覺得在科技圈裡，大家得要建立好自己的界線，因為多數人會很容易向所有事都說好。我也認為作為科技圈女性，我們會經常說：『好的，我來吧！我會搞定。』」安妮覺得拒絕他人和設立界線，這兩件事都很困難，特別是面臨公司上市或是產品發布等重大工作的時候，「只有你自己能讓自己停下來，公司不會跟你說需要休息，也不會叫你去休假。」此外，作為非科技背景的女性員工，安妮覺得需要更努力證明自己，「在科技業中的女性員工確實不好待，因為女性很少，有時會讓妳覺得必須更努力證明自己。我覺得也是因為我沒有技術方面的背景，因此得在其他方面證明自己。」

最後，安妮覺得在前一間公司完全燃燒殆盡，所以她休了長假。「擁有機會重新思考人生真的很棒。我重視什麼？想要打造什麼？在休假之後，我又重新獲得力量。」現在，安妮每當打開電腦前都會思考，「妳得要學會關上電腦，理解自己所做的已經夠好了。我有專業，也有經驗，而且還有知識，今天這樣已經足夠了。」

蘿芮（Laurie）的結論也一樣。為自己設立界線，是找到更好平衡的關鍵。「我觀察到的是，人們會因為壓力過大而崩潰，並期待經理、團隊成員或是主管為他們設立界線，但實際上你才是那個知道自己需要什麼的人，所以你必須為自己設定界線。」現在，蘿芮很謹慎地避免太快回覆電子郵件，「我有時候還是會看電子郵件，然後記在腦袋裡。我會標記這些郵件，但是不會馬上回覆，因為在這個部分，我所設立的界線就是時間。」現在蘿芮知道，讓自己休息就是獲得最佳表現的關鍵，「時間是我的，休息是我的身心紓壓的方式，這樣我才能夠成為最好的員工。」

娜塔莉亞曾有很累人的工作，而且工作時數很長，還要通勤。現在娜塔莉亞想要尋求的職務，是能夠讓她兼顧個人生活，並持續熱愛工作的類型。她認為能夠在休息時間完全離開工作，是維持工作優秀表現的關鍵因素。「我現在所獲得的工作成果比之前好，因為當我擁有更好的平衡時，我能夠更看清楚事情的發展，有時候直接埋進問題裡，不見得有用，得試試別的方法，例如先離開工作去放鬆，再回過頭來面對問題，這樣的效果更好。」而在娜塔莉亞以往的工作中，狀況並非如此，「我不懂拒絕總是追加新工作的經理，其實我不想接下工作，但同時我又非常感謝能給我機會。」娜塔莉亞也需要消除自己的冒牌者症候群，因為必須努力工作來證明自己，這個心態一直讓她更有壓力。後來，娜塔莉亞找到可以讓自己獲得幫助的支持團體，以及更上一階的經理人來幫助她解決困難的狀況。「我認為，如果女性們都能更相信自己，並且意識到自己沒有欺騙公司，那麼冒牌者症候群就只是個過程而已，或許會幫助她們更快得到更有生產力、更有效率的職務。」

現在，娜塔莉亞接下新的工作之前，都會先思考商業上的影響及脈絡。「現在我已經很熟練以我自己的角度去安排事情的優先順序，而且我會先拉起界線，例如說出『現在不行』，或是『我會先列在追蹤項目裡，下一季我們再來看。』」娜塔莉亞認為，這個方式不見得適合所有團隊或是環境，像是在上一份職務中，娜塔莉的經理很直接地告訴她：「如果不想要瘋狂加班，那麼現在的職務就不適合妳。」娜塔莉亞也認同有些人會想要這樣的工作，但對現在的她來說，已經不值得這樣生活了，「我花了滿長的時間才意識到，我的公司和經理不是在為我好，就只是單純的合作關係而已。」

資源 Resources

《自信練習簿：克服自我懷疑與提升自我肯定》（The Self-Confidence Workbook: A Guide to Overcoming Self-Doubt and Improving Self-Esteem），芭芭拉馬克葳（Barbara Markway PhD）

如果你已經接受過很多建議，那你可能會覺得這本書只是在重複你所聽過的話，但如果沒有，我很建議將這本書當作循序漸進的改善指南，用來辨識我們的狀態。這本書中也包含實作項目、重點分享以及增強自信的練習。

《脆弱的力量》（台灣版由馬可孛羅出版），布芮尼布朗

布芮尼布朗幾乎已經來到宗師地位，而這通常是雙面刃，因為有些人不喜歡她討論與處理羞恥感和脆弱的方式。儘管如此，如果想要深入了解情緒反應背後的觸發機制與來自深處的自我信念，我建議可以先從布芮尼的概念開始。如果想要在購書之前，先對她的風格有所認識，可以先上網瀏覽布芮尼的TED Talks影片。

《這一年，我只說YES：TED演講激勵300萬人！《實習醫生》、《謀殺入門課》全美最具影響力的電視製作人最真摯的告白！》（台灣版由平安文化出版），珊達萊姆斯

我因為受到這本書的吸引，而想要更多了解珊達萊姆斯。她是一位成功的電視影集製作人，並在傳統又不具支持力的環境中，發展多樣化的才能。在她的個人生涯中，理解如何去愛與接受自己的過程極具說服力，我在多年前就讀過這本書，萊姆斯的某些洞見直到今天都還深深烙印在我心中。

撰寫這一章時，我非常緊張，畢竟已經有這麼多的職涯建議，那我該如何做出新的貢獻？我甚至懷疑自己是否應該跳過這一章，於是我深呼一口氣，尋求別人的建議，然後在他人的研究與智慧中得到支持。我選擇相信自己的建議是有價值的，我以簡潔的方式說明困難的主題，一直都對他人有所幫助。這就是我戰勝不安的方式，每天都努力一點點。

然而，如果你是單打獨鬥，那事情就困難多了。在下一章「冠軍們」，你會看見為何導師、職場貴人以及其他幫助者在我們職業生涯中如此重要。

3-2 冠軍們
Our Champions
——那些在事業上發揮影響力的人，以及他們的作為

在職涯中，我遇見過無數個幫助我的人，其中有兩名女性在我身上下了最大的賭注，她們都是支持我的職場貴人。

在工作環境裡，職場貴人非常重要，他們不僅是能給予建議和指引的導師，他們還會提拔你，為你找到重要的機會。有時候他們比你還要相信你自己，也有時候他們能達成憑你一己之力無法做到的事情，來促進你的事業發展。我遇過的職場貴人有男性或女性，他們都為我奮鬥，幫助我獲得升遷，但其中有兩位女性看見了我身上的獨特之處，並且幫助我的職涯發展做了最大跳躍。

假如當時沒有遇見他們呢？或許直到今日，我必須靠著專業技能獨自奮鬥，也有可能我還是在各種會議中讓人驚訝、讓人尊重的領導者。我一直都相信自己，也覺得我並不需要職場貴人的幫助，但透過職場貴人的提拔，他們幫助我超越自己的期待，而且當我質疑自己的時候，他們會給我肯定，並帶領我往更高處邁進。

在大學二年級的時候，我很喜歡幫助別人，我也知道自己比較喜歡透過實作學習，所以那時的我便走進維吉尼亞大學的國際中心，申請實習生工作。國際中心位於維吉尼亞校園的一棟紅磚屋裡，它們協助安排和歡迎外國學生，也主辦像是孟加拉之夜這樣的文化活動，鼓勵外國學生分享自己國家的食物與傳統。這個國際中心主要目標是為「外國學子」提供一個家園以外的家，同時也向外面的世界展現「國內學生」。

蘿娜珊柏是擁有清澈眼睛的高大女性，長久以來負責運作國際中心，所以此次實習活動是由她約談申請實習的學生們。由於實習機會通常只提供給大三生或大四生，所以在討論的一開始，蘿娜就質疑我這個大二學生是否能承擔這份實習工作。一般來說，我們在處理敏感狀況時，都會缺乏技巧與成熟度，但我是個喜歡挑戰的人，特別是當別人質疑我的時候，所以父親都說我「13歲就像30歲」不是沒有原因的。在我們談話結束時，蘿娜把身體往後靠，我知道我令她印象深刻，之後她也告訴我，想要在我身上賭一把。

接下來大學三年期間，我都在國際中心裡工作。我舉辦過無數的活動、帶領無數新生參觀環境，蘿娜甚至讓我負責更新國際中心的網站，我與國際中心的人們一起並肩工作，國際中心成為我第二個家。這個經驗也讓我獲得另一個網頁實習機會，最終在大學畢業後，獲得大學的網路管理工作。

蘿娜是第一位支持我的前輩。現在的國際中心就是以她為命名，因為蘿娜的傑出工作，孕育了全世界的學生，包含我在內。

雪柔桑德伯格是第二位支持我的前輩，現在的她已經很有名了，但當時的她就只是我的主管。那時候的我24歲，就在我剛加入谷歌之後，雪柔接管了一個小團隊，負責管理廣告客戶，而我也加入了這個團隊。

我曾經在公司的健身房裡遇見過雪柔。當時我在跑步，而她在踩腳踏車。我是為了參加馬拉松而鍛鍊自己，在我看來雪柔則是為了展現能力，在那之後我發現她每天都會運動。在第一次開會時，就因為我的學經歷和運動鍛鍊的項目而被她修電，那時我就感受到雪柔對自己和別人都有著高標準。

不過，最後我還是讓雪柔站在我這邊。雖然我聰明又努力，但在當時我可以獲得她的注意，根本就像是神奇又不配得到的禮物。雪柔以明顯易見的方式提拔我，像是邀請我加入管理層會議，帶著我和谷歌執行長及共同創辦人一起參加高階主管會議。雪柔幫助我開啟事業道路，她一路帶著我一起往上，而我則以最大的忠誠、快樂和無止盡的工作去回報她。

2008年5月，雪柔離開了谷歌。當她告訴我打算離開的時候，我以淡定且成熟的方式面對。幾星期後，說再見的時候到了，我整個淚流滿面，後來儘管我們保持聯絡，但我也知道一個時代已經畫下句點。在那一刻，我失去了重要的職場貴人——以更人性的方式來說——最信任我的人之一，而在那之後我才慢慢了解這件事的意義。

從那一刻開始的時代，我把它命名為「那段所有覺得我很棒的人都離開了的時候」，當然這是誇張的說法，但同時也反映了真實情況。那些跟隨過雪柔並信任她領導力的人，或者是那些曾經受她照顧的人，在後來的幾年都相繼離開谷歌。這群人多半彼此是朋友，或是關係緊密的同事，同時也正是見證過我的努力的人，這群人就是我最大的支持者。

直到那時為止，我的事業發展曲線就像是一道極限軌跡，我在2001年進入谷歌擔任基層客戶服務員，在2007年就成為總監。我非常、非常、非常地努力工作（以至於那段時間，我根本沒有什麼個人生活的回憶），而在當時谷歌的事業也成長快速。那時我也有過其他很棒的職場貴人，他們關照我並督促我前進，我知道那是再好也不過的工作環境了。

然而，在這些人相繼離開之後，我的世界在一夕之間改變，最明顯的就是：因為再也沒有人認同我的優點，所以我不再覺得自己很棒了。或許我也可以選擇跟隨我的職場貴人，一起跳槽到其他公司，但是我不想，我想知道靠著自己能夠走到哪裡，而我又能夠成為怎樣的主管。最重要的是，我仍對谷歌有信心，再也沒有其他的企業比這間公司更吸引我了。

經過深思熟慮，我決定留在谷歌。這是一場辛苦的旅程，我經常感到沮喪或生氣，但留下來這個決定在許多方面都是好的，我不再日復一日的埋頭工作，而是專注成為自己心中的領袖樣子。我徹底探索手上的職務，強化我的優勢，也了解自己的弱點。我有三個孩子，這件事本身就會帶來各種機會和挑戰，而我也記得一件事：就算只能靠自己，我仍然很優秀，不需要別人來肯定我。但是，假如當時我沒有這麼想呢？如果我沒有遇見這兩位優秀的職場貴人呢？如果在沒有人幫助，或是沒有修課的情況下，我沒有努力學會科技面的才能呢？如果我認定別人對我沒興趣，意思就是我沒有價值呢？如果當時我的身邊沒有這些女性呢？我想我的故事會和現在非常不一樣。

職場貴人對我來說，不是一則故事，他們都是真實存在的人，在沒有必要的情況下，他們選擇向我伸出手，給我機會。我的職場貴人必須是女性嗎？不是的，實際上我的很多職場貴人都是男性，我感謝他們每一位，也希望他們都繼續前進。我強烈地認為，我們需要各式各樣的領袖人才，好讓我們的職場貴人也能充滿多樣性，而當我們的觀點更多元時，就會有更多的人能夠帶來各種幫助。

我很好奇其他女性是否也有類似的經驗。我沒有一開始就訪問大家關於職場貴人或是導師的問題，理由是已經有很多關於職場貴人和導師重要性的分享，我不想只是寫下一些隨處可見的內容。我比較有興趣的是，在訪談中那些自然而然浮現的故事，舉例來說，我會請大家分享一個在職業裡所面對的挑戰，接著會請教受訪者如何應對，通常在這種故事中，女性在職場上所遇到引導她們或為她們發聲的人就會在這裡出現。如果我聽著她們的回答，似乎是單打獨鬥在探索職涯時，我才會直接詢問是否有導師或職場貴人的引導。以下是有關於此主題的一些女性訪談內容分享。

我們需要的支持 The support we need

奧莉薇亞和我討論到那些職場貴人們的信念和幫助，同時她也試著明白自己要如何成為那樣的人。「妳是怎麼來到現在的位置？是和別人一起升遷的嗎？還是有人提拔妳？妳一直是靠自己單打獨鬥嗎？」以奧莉維亞的狀況來說，她從來沒有感受過幫助。「從來沒有人對我說過：『我們相信妳。』一直以來，我都是靠著自己的意志力、決心、恢復力、憤怒。」她很好奇如何找到那個「信任妳並且會提拔妳的人」，以及如何避免「那些一路阻礙妳的人」。奧莉薇亞的朋友在工作上曾遇過這樣的事：「有人跟我的朋友說：『妳不會被趕出公司，但妳也絕對沒辦法加入我們。』」假如我們遇到困難時，沒有別人提供建議，我們要怎麼知道什麼時候該讓事情過去，又怎麼知道什麼時候該努力爭取，我們一生可能都會聽到別人跟我們說：「妳是鬥士，鬥士決不放棄。」但我們到底要不放棄到什麼時候呢？

另一名女性則分享了在她薪資談判的時候，盟友有多麼重要。因為生活經濟方面的需求，所以這位女性剛加入公司時，獲得的薪資較高，但是持股較少。在她就職一年時，「我寫了一張花體字的感謝卡給我老闆，告訴老闆我熱愛自己的工作，能夠在公司裡任職感到開心。但我完全不曉得我們可以要求更多的股份，其他人都開口了，卻沒有人告訴我，我完全不知道這些事。」後來這支股票表現很好，所以這是件很不得了的事，因此擁有一位可以給予建議的人或是同儕來分享這方面的資訊，實際上非常關鍵。

現在，這位女性會藉由和親近的同事互動，來測試自己的意見，但她仍認為在類似的職務上找到女性不太容易，因為大家的工作與家庭生活都有不同發展。最近，她開始向外尋求其他資源和群組，「那是一群各式各樣的女性，都是職業婦女，有些有孩子，有些則沒有，所以有時候會出現育兒相關的話題。無論如何，至少有個地方可以宣洩『我今天又被一個自以為優越的男性說教了。』」

珍妮佛希望大家更注意底線，並且在分享敏感資訊時小心謹慎以保護自己。「格洛麗亞斯泰納姆（Gloria Steinem）曾說，在女性所做過的事當中，最具革命性的就是談論金錢。我覺得這實在太重要了，特別是關乎我們的薪資。」男性與女性的收入有頗為明顯的差距，珍妮佛認為這跟我們是否與他人分享的能力有關。「我們會和朋友分享生命中遇到的難事，但卻從來沒有好好和朋友聊過我如何處理金錢、如何有效投資，或是如何更有效支持我自己和家人。」儘管珍妮佛也認識能夠專注做好工作的女性，但她知道這對於幫助我們成長茁壯並不足夠。「我希望女性能夠對各層面進行更多討論，無論是工作、科技行業、專業術語、技術組合、前輩導師、資金、底薪要多少、如何用錢來賺更多的錢等等的事情，藉由互相討論，妳才知道哪些事是有可能改變的。」

能見度 Visibility

黎安娜（Leanna）覺得自己沒遇過幫助她指引職涯道路的貴人，「但我有合作的男性和女性，他們在我的事業和我的決定上大力支持我。」黎安娜覺得現在任職的公司很看重她，「他們提拔了我，讓我做想做的事。」

雅德莉安所需要的幫助是，在她沒有一起參與討論的時候，希望有人可以幫助她看見看不見的機會。「雖然我也是領袖團隊的一員，但是在我以上的高階主管全部都是男性，他們會一起進到會議室，進行場外領袖活動，有點像是男性俱樂部。」雖然雅德莉安不認為這些男性主管會阻止她獲得機會，但她仍覺得這是溫水煮青蛙，讓她沒辦法知道發生什麼事。「有這些事嗎？我不知道啊，因為我也看不到。」

貝兒薇亞認為，最棒的老闆就是那些傾聽她，並幫助她的聲音被聽見的老闆們。「在職涯中，我遇過三個超恐怖的老闆，但我也遇過好老闆。我遇過的好老闆總是會讓我發表意見，而且他們從來不會小看我，或是讓我覺得自己很笨。」他們曾經讚賞我的想法，並且採用我的做法，「所以我一直覺得自己好像能夠參與發言。我不是高階管理人員或任何類似的職務，但我仍然可以表達意見，並且他們也願意傾聽，甚至採用。」貝兒薇亞現在的老闆就是這些貴人之一，讓貝兒薇亞有繼續學習的機會：「我想我會在這間公司待上這麼久的原因，就是因為我從主管身上學到很多，他一直都讓我參與意見討論和學習。」

典範 Role models

艾許莉希望大家能夠看見更多不同類型的成功案例。「我認為大家都對科技業有所誤解。多數人覺得科技圈裡的人，都是在媒體上看到的那種軟體開發師，都是聰明到不行的天才，白天黑夜不停地工作，隨時在編碼，同時還處理著各種專案。」當身邊的人都覺得她是那種類型時，艾許莉則說編碼對她來說不是容易的事，她想要代表一種類型——「會感到痛苦困難，但是一直堅忍工作的人」，她表示：「如果工作表現趕不上同儕，就會覺得自己好像什麼都不懂，或是好像考得很爛，但我不覺得這一定代表：『我還是辭職好了，因為我實在不行。』」

艾許莉會這樣認為的原因之一，是因為她在讀書時，沒有女性工程師可以一起跟她聊聊。「當然，我有男生朋友，擁有這群朋友真的很棒，因為要是沒有他們，我根本沒有辦法把主修念到畢業。」當艾許莉告訴別人她的經驗時，她也發現大家可以同理。

艾許莉擁有科技以外的嗜好，例如時尚和美妝。「媒體上科技人的傳統形象都是書蟲，都埋在地下室裡工作，而且超級宅，一個朋友都沒有，一點都不光鮮亮麗，但是我看起來卻像是華麗的科技人，有食物、零食、很多的休假和額外的津貼。」艾許莉很高興能夠成為不一樣的代表，「其他女生也會注意到妳，她們會看到妳作為軟體開發師發展得很好，並且擁有其他個人興趣，她們可能會想『她不是我想像中的那種軟體工程師耶！』」

男性也會注意到艾許莉。「我有時候會收到男生的訊息，像是：『妳讓我對軟體開發師的看法有了一些改變。』」艾許莉認為，有處於中間地帶的人是件安慰的事：「我覺得有中間地帶的人這件事，對少數族群、女性或是其他人來說都很重要。因為沒有哪一立場的人大獲全勝，重點在於意識到他人的類似經驗或處境，並互相理解接納。我希望在大學的時候就可以遇見更多這樣的人，這會讓那時的我感到非常安慰。」

貝瑟妮13年來都是職場媽媽，但她的主管們卻都不是職場媽媽。「我遇到超多女生，幾乎都比我大個10歲到20歲，她們都是沒有小孩，而且是單身，因此她們所知道的世界有限，所以我一直都不覺得在我的同儕中，有可以看齊的典範。」貝瑟妮向前展望，希望能夠看見未來的工作發展，她也知道生命下個階段就在眼前，這也是她決定參與這本書的理由：「我認為這就是這部著作如此重要的原因，謝謝妳。」

很難熬的時候 When times are tough

蘿芮遇到困難的時候，會自己運用支援。根據蘿芮的描述，她曾在重組團隊之後，為一場高層會議進行簡報。在簡報過後，有位比她職位階層高兩級的男性主管寫電子郵件給蘿芮，要求和她聊聊。「我這邊先說一下，那時有許多經理都想要嘗試金史考特（Kim Scott）的著作《徹底坦率》（Radical Candor）中所提到的概念，這是那時的趨勢，但我認為必須擁有足夠的情商來理解如何運用，才可以有效發揮作用。」然而，在他們碰面之後，經理對蘿芮說：「妳毀了妳自己的事業、毀了妳自己的品牌，也耽誤了我們的專案。」這位經理把這些「臭罵」蘿芮的話，美其名為「徹底坦率的回應意見」，蘿芮覺得對方是在羞辱她，便想著：「既然我都毀了一切，那我幹嘛還要繼續在這裡工作？」

儘管如此，蘿芮還是振作起來，並重新研讀《徹底坦率》當中的內容。「如果那位經理覺得他可以給我徹底坦率的回應，那麼我也可以坦率地給他反饋。我回到金史考特的著作中，去看徹底坦率的真正意涵，而我發現這位經理因為某些因素徹底搞錯這個概念的重點。」蘿芮說明，如果沒有達到某幾項標準，「徹底坦率」就會構成「可恨的侵犯」。後來，當蘿芮回饋這位經理她的意見時，「經理一直反駁表示：『不不不，我不是說妳把事業毀了。』」但蘿芮知道先前發生的羞辱謾罵已經不可逆。

在這段期間，蘿芮轉向一個由女性員工所組成的團體，這群女性曾經一起參加過領袖成長訓練。「大家搞不懂如何在正確的脈絡下，運用『徹底坦率』的概念，這實在讓我都想離職了。我把這件事寫下並張貼在群組，超多女性匿名回應我：『對呀！我這裡也有同樣的問題。』或是『要一起喝杯咖啡嗎？』但也有些人沒有給予回應，並且持續在職場上『帶著包袱』。」而蘿芮也獲得一位女性總監支持，這位女性總監表示蘿芮對這個情況的處理很正確，她知道蘿芮的上司有些私人狀況，但無論如何，他所做的事情都不適當。總監也告訴蘿芮，如果她希望的話，可以向人力資源部反應。以上這些都讓蘿芮覺得：「知道我沒有做錯任何事，這個本身就是巨大的安慰。」有了這些女性的支持，蘿芮才覺得自己做了正確的事，並且堅持下去，她也持續與一些志同道合的女性和前一任總監維持良好關係，「前總監真的很優秀，我仍會向他尋求建議。」

在工作有特別挑戰的時候，娜塔莉也運用社群的幫助。娜塔莉剛進入科技公司的前兩年，沒有花太多時間投入社群，因為那時她的工作相對忙碌，是直到某個時間，她職務範圍稍微縮小，才開始接觸社群，「接下來我做的第一件事，就是找商學院校友群中的人談談，這有助於獲得不同的看法或觀點，像這次就讓我意識到原來我有冒牌者症候群。」透過社群，娜塔莉「包攬許多智慧」並且意識到原來她不需要隨時都過度工作。

艾美談到，「擁有自己的人際網絡，可以檢視自己的意見，也可以讓這些人隨時記得你。通常你的導師或身邊的人，都比你自己更欣賞你。我認為我們對自己太嚴格，所以總要有人能夠舉起鏡子，告訴你：『我所看見的你真的很優秀。』」打造自己的人際網絡時，艾美也從來沒有忘記要彼此幫助，「總是會有願意彼此幫助、支持的人，如果你身邊沒有，那就自己建立，而下一步就是幫助別人也建立這種關係網。」

舉起你的手 Raise your hand

清從她的導師與職場貴人身上，學到上一章裡所提到的「開口要求」。「總之我必須要開口要求，對吧？有太多需要為自己站出來發聲的事了。」在工作中，有時清會尋求主管的幫助，有時候也會有主管主動為她站出來，「他們可能看出我需要幫助，但大多時候我會舉起手說：『我想要這項專案。』、『我對這個有興趣。』或是『我可能會把這搞砸，但還是想要試試看。』而要求機會這件事本身，其實就是獲得職場貴人的途徑。在主動要求機會這件事上，我所學到的是，這麼做我可以和有影響力的資深領袖建立關係。」清覺得上一次升遷就是這種努力所帶來的結果。「我看到那些為我寫下正面評價的人，只覺得天啊！怎麼可能！這些高階主管居然願意為我背書，這帶來的影響太大了！」

梅蘭妮說，「有時候女性在過度指導的狀況下，實際上是沒有獲得幫助的，這樣她們無法在公司裡繼續成長。」梅蘭妮的意思是，人們都很樂意指導或給予建議，但女性需要的不只是這樣，她們更需要能夠看見她們的價值，並為她們爭取機會的人。梅蘭妮在工作上要面對許多挑戰，所以她需要的不只是建議，她更希望與支持她的人建立有意義的關係。梅蘭妮說明自己如何在關係和影響力上更努力，這也帶來不錯發展：「我相信找到新的職場貴人，能夠對公司發揮影響，這對我來說很有意義。」

寶拉也經歷過必須克服恐懼去尋求幫助的挑戰。「很多時候，建立人際關係其實很尷尬，因為會覺得自己在佔別人的便宜。」所以寶拉把這種事想成「簡短的連結並保持聯絡」，這樣會讓她比較自在。「我們會東聊西聊，但和人建立這種關係是巨大的幫助，因為妳也不會料到自己能如何支持別人，或是他們能怎樣幫助妳。」寶拉以具體的問題當作話題開頭，以此來幫助自己克服對聊天的抗拒，例如「妳也遇過這樣的狀況嗎？妳是怎麼處理的？」這種對話能幫助寶拉克服自己的冒牌者症候群，因為沒有人有完美答案，這讓寶拉知道自己什麼也沒做錯。

推進 The push

伊莉莎白談到她在eBay工作上的重大躍進。假如身邊親近的人沒有推她一把，這件事可能永遠不會發生。伊莉莎白當時的工作需要處理大量的金融服務，但eBay開出的職缺是金融副總裁。儘管伊莉莎白的金融專長，看起來非常適合這個職位，但她卻不認為自己就是最好人選。「雖然跟金融服務相關，但我根本不會說自己是適合這份職務的人。我說不定會推薦一兩位公司裡的同事，因為從營運的角度來看，他們可能會更適合。」

我告訴伊莉莎白，我很高興那時她沒有放棄，因為很多人會因為自己沒有符合每項職務條件而選擇放棄，她說：「那妳真的會很喜歡這個故事。」接著她告訴我申請這個職務的經過。伊莉莎白在前間公司的工作並不開心，而她的先生那時正好在網路上看工作職缺：「我先生就是那位鼓勵我申請這份職務的人。雖然我對於帳務類型的工作一無所知，但我先生卻說：『這根本和妳做的工作完全一樣，只是換成付款方而已。』」於是先生把伊莉莎白介紹給在eBay工作的朋友，伊莉莎白便獲得了這份職務。「所以從比較傳統的角度來看，我確實還是限制了自己，但是我先生卻鼓勵我跨越想法。」

關鍵時刻 The critical moment

史黛芬妮（Stephanie）和我是在一個應酬場合上認識的。有天，我在網路上張貼了有關工作中榜樣的問題，史黛芬妮透過LinkedIn回應我。史黛芬妮分享自己在工作方面的成長，她作為一位軟體工程師，在一間市區外的科技公司裡工作。這間公司沒有良好的升遷管道，因為機會都優先給予資深員工，「管理職通常都是由那些在公司待了一輩子的人所獲得，而領袖職位也很難拿到，因為多半也會交給那些從一開始就待在這間公司的人，所以我們根本不會被考慮。」史黛芬妮還發現，女性必須要擁有額外優勢才比較有機會升遷，「在資深的同事中，我從來沒有看到女性升遷成為主管。公司裡那些已經擔任主管的女性，是在我加入前就已經擔任主管職位，而且是從就業到現在都待在這間公司的無敵資深員工，但是男性好像卻不需要這種資歷的優勢。現在我回想起來，這真的很驚人。」

這種公司的內部結構使得要參加外部會議很困難，因為獲得考慮的人選都是資深人員。史黛芬妮曾向老闆提出參加技術會議的要求：「當時微軟會議就已經快要舉行了，他們說我很幸運，因為葛麗絲霍普（Grace Hopper）科技會議還有一個名額，但我後來發現葛麗絲霍普科技會議是我們公司女性研發工程師唯一可以參加的會議，我整個崩潰，非常憤怒。」葛麗絲霍普科技會議是每年都舉辦的活動，吸引科技圈裡的頂尖講者與數以千計的參與者，但因為這是針對女性的科技活動，所以讓史黛芬妮覺得自己完全被限制，她知道自己大概一輩子只能參加這場唯一的女性限定會議。

然而，這場會議帶來史黛芬妮職涯的轉捩點。「當我搜尋主講者的時候，看到諾拉丹佐（Nora Denzel）將負責『導師陪談』的環節，主要是針對矽谷女性。當時的我不是在矽谷工作，但如果提出要求，也可以透過電話對談。諾拉會提供職涯建議，並鼓勵年輕女性對科技產業保持興趣和熱情。」後來，諾拉給史黛芬妮的事業和履歷提供建議：「我們大約聊了一個小時，諾拉告訴我三種適合我學經歷的主管職務。」諾拉也為史黛芬妮說明了科技業裡的其他職務，這段對談讓史黛芬妮決定取得國際專案管理師認證，並轉任專案經理。「不止是因為諾拉給了我建議，更是因為擁有如此豐富經歷的大人物，願意花時間和我聊，只因為她認為鼓勵像我這樣的人很重要。」

克莉絲汀也有類似的經驗，她在重要時刻都有獲得職場貴人的幫助。「我回顧過去的工作和學習經歷，我五年的建築學程裡，有三年是修電腦科學。」克莉絲汀非常感謝她的第一位電腦科學教授，這位教授信任她，並且在上了第一堂課之後，就邀請克莉絲汀擔任助教。對克莉絲汀來說，在她最需要信心的時候，獲得了鼓勵。「感覺像是因為我表現夠好，所以教授希望我能擔任課堂的助教。從那時候開始，其他教授也開始邀請我擔任他們的助教。」現在克莉絲汀也學著照顧別人：「我的工作裡出現過很多這樣的貴人，非常感謝他們給我的提拔和幫助。鼓勵和回饋對某些人來說很有幫助，這也是我很想要做的事，希望能有更多人一起參與。」

不要設限 Don't limit

法蘭西絲說通常我們會尋找女性的指導老師，但我們其實應該對任何可能幫助妳的人都保持開放的態度。「如果只接受跟妳差不多的人，這樣會限制了妳。」她強調：「我們要包容，而不是排他。我認為大家都在尋找和自己類似的導師，但這其實是一種限制。這樣既不能讓我們學習，也不能讓我們成長。」

克莉絲也說出擁有不同類型導師的好處。「了解自己的成長環境，並知道我們並非別無選擇。在尋求其他女性幫助的同時，也尋求你所景仰的男性，我認為他們都可以讓我們學習、探索自己，而不是選擇妥協。」

凱倫也鼓勵女性尋求職場盟友：「如同羅傑斯先生（弗雷德．羅傑斯為美國電視節目主持人）所說的：『尋找幫助。』我們隨時都可能找到支持的來源，建議妳在整間公司、任何職位都尋找盟友，例如和妳有所接觸的人、有好感的人、可以信任的人……他們可以強化的不只是人際關係，也可以成為妳的意見測試團，幫助妳探索整間公司的所有事物。」凱倫舉出許多例子，說明廣泛與人連結可以帶來幫助，「我任職於政治公司，而在那種環境裡要找到可以相信的人非常重要。在處理諮詢時必須非常謹慎，但在一路上還是會有願意幫助妳的人。」

最後凱倫說，如果在公司裡找不到任何可以幫助妳的人，那妳就該離開。「如果大家都很壞心，只顧著自己，那就不要再浪費時間了，因為妳無法改變他們，也無法改變那裡的文化。」

另外值得注意的是，有些人發現人生導師就在家裡。吉妮說父母對她的事業非常重要：「我真的很感謝擁有這樣的父母，他們非常有智慧、敏感且成熟，給我很多的支持。」吉妮的父母都已經過世，但她仍倚靠他們的智慧來過生活：「我經常說：『我的父母仍活在我的生命中。』這句話完全真心且真實。」在父親過世後，吉妮一度非常痛苦，但最後透過其他導師的引導，吉妮意識到父母持續在影響她的生命，「歸根究底，這就是我所相信的。」

指導他人 Coaching others

許多女性在事業成長之後，便開始輔導他人，並覺得施比受更有福。

關於這件事為何如此重要，格蕾茜提供了全面性的觀點：「在科技圈裡，有來自各種不同背景的人才，這些人才包括女性和有色人種。科技圈打造的不僅是包容性的環境，也能夠持續孕育人才、發展下一代的科技領袖，因此我感到非常興奮。在矽谷這樣的環境，來自不同背景的人都擁有許多機會，人才的多樣性也會提升多元的觀點與經驗，這不僅是正確的事，也帶來更好的商業結果。」

擔任別人的導師可以很有趣，這一點值得我們記住。在尋求導師時候，我們經常覺得不安，並且過度關注導師，但通常這對導師們是有好處的。

雪瑞很享受跟別人從一般關係轉換為指導關係。「找到妳想要成為的人，然後和他們互動，我經常覺得這很有可能轉換為指導關係。」現在的她也透過非正式與正式的帶領課程，指導其他科技寫手，「我現在帶領的菜鳥學員都很優秀，成為別人的導師也很棒，你會發現原來我也可以給予別人幫助。」

蒂伊莎一路都是靠自己摸索職涯，她一直希望能夠早點遇到職場導師。關於導師指導如何給她幫助，蒂伊莎擁有比較個人化的看法，「在工作上有好表現，會讓我很開心，但當我知道我也能夠幫助別人，那會讓我更開心，再也沒有比知道自己能夠影響別人的感覺更棒了。」蒂伊莎提到，她經常是會議或工作上的唯一黑人女性，「我不想成為唯一的人，我感覺有責任幫助別人和我一起前進。」蒂伊莎曾提供工作機會給認識的人，她覺得這不僅是與女性及少數族群有關，更因為這是該做的事，「我們確實可以自私地生活，想著自己就好，但是若我們可以幫助別人，在回顧職涯時，將會非常有收穫：『哇！我其實有在某些地方帶來影響，並不只是為了自己的好處。』」

在訪問瑪瑞莉尼卡時，她問我是否能在這本書裡寫一個關於導師指導的段落，當時我還不是很確定自己會如何使用她的文字，但我仍然馬上同意這個要求。既然這本書的內容分為三大部分，也為讀者提供實際工具，瑪瑞莉尼卡精心安排的內容為這本書提供了完美的補充，其中包含如何善加利用導師指導時間的引導、訣竅與方法，到時候再請參考附錄。

我們已經擁有了這麼多的建議與幫助，那我們該怎麼實際著手進行呢？我原本給這本書的暫定書名是「生存還是成長：科技圈女性打造事業的故事」。雖然最後我改了書名，以符合職涯旅程的精神，但我仍保留了這一主題在下一個篇章裡。在工作中，妳覺得我們是在生存，還是在成長呢？遇到困難時，我們該怎麼辦？

3-3 「生存」vs.「成長」

Survive versus Thrive Days

——人生並非只有兩個極端，我們隨時都來來回回，歷經高低起伏

2017年1月6日，那天我才剛和家人從墨西哥渡假回來，我接到一通來自老闆的電話，他告訴我：「高階主管決定重整公司，要大幅減少員工人數。」而在前幾個月，我們才剛艱辛地完成一輪人員縮編，而現在又希望進行更大幅的縮編。我整個人在沙發上捲成一顆球，感覺自己被揍了一拳，心臟像剛運動完那樣劇烈狂跳。我告訴老闆：「時候到了，我大概完蛋了。」

不過我還是振作起來，提出計畫為需要找到新職務的上百位員工創立新單位。那年的大多時間，我都在和人力資源、徵才團隊以及其他義工一起工作，訓練並支援這些需要尋找新職務的人。這些事情進展不錯，我們也為大多數人找到新單位，但我也得為自己找新工作，畢竟我是家庭的主要收入來源，經濟負擔壓在我身上。

九月的時候，我注意到視力出問題，我的眼睛很難聚焦，特別是在移動的時候，而且我會暈眩，之前某一天我坐在電腦前，感覺幾乎要暈倒，還有一天，我和同事走在路上，我的左腳整個麻掉，後來也一直這樣。

那時候正是第一輪縮編的一年多後，同時也是我剛經歷家庭危機大約一年左右。在一段像馬拉松長跑般的日子之後，我的身體開始出狀況，但那並不是我第一次面對職場中的疲勞狀況，只是那是我第一次如此嚴重，所以我想：「是時候到了，我大概得辭職了。」

兩年後，我站在講臺上面對1500名專案經理，告訴大家我如何度過健康問題，以及提供在充滿混亂的職場尋找平衡的建議。這場演講獲得很多迴響，我也獲得正面回應，以及其他演講邀約。

在演講後的問答時間，我反覆提醒大家一件事：「不要想像公司有天會告訴你：『關上電腦吧！你做得夠多了，該去休息了。』工作只會要你付出更多，所以只有你自己能為自己決定休息的界線。」

那麼，我們如何在步調飛快的環境中「生存」，並且「成長」呢？界線什麼時候有用？當我問大家，在現在工作中是「生存」還是「成長」時，某些女性會立刻笑出來，然後有人反問我：「妳是指哪一天？」我訪問過的女性中，有人正在轉換職涯，有人在尋找新工作，有人剛升遷，有人過了很糟的一天，有人在照顧生病的孩子或長輩。這個清單可以一直列下去，這全部都影響著我們當下的感受。

有個常見主題——「成長」的定義一直在改變，沒有固定模式，也無法確保自己是否已經或持續成長。成長與生存經常輪替，根據哪一年、哪一月、哪一天，甚至哪一分鐘而有所不同。我所訪問的女性提到她們的感受，例如：「我才剛開始成長」，或是「我最近只是在生存而已」，也有些女性甚至不敢確定自己是否有所成長，而有些人則認為只要繼續接受挑戰和學習，那樣就是成長。「是否成長」的感覺，與我們判斷人「是否成功」的標準相反，隨時都在改變。

關於演講中，我談到工作與生活中的壓力，有時上升，有時下降，有時則不一定。而我們緊抓不放的問題是：我們在健康和心理上遇到困難時，要如何成為好的領袖或員工？假如我們不理解和不接受身為人類的所有面向，我們要如何打造出好產品和好服務？如何保持工作與生活之間的良好平衡？

我們的感受是什麼？ How we feel?

無論「生存」還是「成長」，這都與我們對自己做的事，以及過得如何的感受有關。以下我會分享女性們的不同故事，對於她們來說，「生存」和「成長」是什麼？首先，我以自己的故事告訴大家，感受是如何隨時在改變。

有天接到電話，得知我的孩子把玩具黏土塞進耳朵，而且還拿不出來，於是我馬上切換「生存」模式：「好的，我馬上過去，我先生不在，所以我會過去托兒所，我馬上過去，看看要怎麼做，要去看醫生嗎？現在有什麼進展了嗎？」等我抵達的時候，托兒所員工坐在我兒子旁邊對我說：「妳可以試試看。」我走過去看了一眼，黏土還在耳裡，我對兒子說：「好，但你不能動。」我把黏土彈出來，那一瞬間，我的正常生活又回來了，我又切換為「成長」模式，感覺像是「我是最了不起的媽媽！我可以回去上班了！」

接下來的每個故事，都是受訪女性分別在不同時候經歷過的類似時刻。我將提供我所聽到的回應、受訪女性的感受、在探索科技業時所做的事，以及她們為了幫助自己生存或成長所做的事。此章節採匿名回覆的方式呈現。

要不要滿足（To be content or not）

「我給自己的問題是：我要回到以前那樣長時間工作、忙得半死的生活嗎？還是滿足於現況就好了？這件事我一直在考慮，因為我也接近退休年齡了，來到人生的這個階段，我要像在20、30幾歲那樣讓自己累得半死嗎？但我其實很不容易滿足，就算是在私人生活中，我都不容易覺得滿足。」

改變之間（Amid change）

「這要視那一天的狀況而定。我的公司剛被併購，我到現在都還在努力尋找自己的新定位，但這樣的感受也不光來自公司併購……科技圈的成長太快了，工作內容和職務一直在變化，所以我們經常會覺得困惑。在不斷開啟新機會的同時，能夠一次又一次去展現自己的價值，絕對是必要的能力。」

責任（Responsibility）

「這得看是哪一天。我會說今天的我就只是『生存』，因為信箱裡塞滿公司的電子郵件，但總體而言我選擇『成長』，目前的我算是單腳跨入新領域，從商業合夥人的角色切換到營運面，經理很清楚告訴我，我的團隊在沒有多少指導的情況下，要成為公司的高效能單位……有些人對於這種狀況會感到緊張，但我的做法是：假如還沒有規則，也沒人知道具體該怎麼著手，那我們就自己選擇一個做事方式，然後執行。如果錯了，下次就一起修正。」

不安（Insecurity）

「現在的職務嗎？我認為我處於廣義的成長加生存狀態，因為我剛接下了新職務，正在學習各式各樣的事……所以我覺得每天都是：『天啊！這件事我沒做好嗎？我有做對嗎？』但我擁有強大的團隊夥伴，所以大多時候可以依靠他們，不用凡事自己承擔。」

神力女超人（Wonder women）

「有時候會有那種閃閃發亮的神力女超人時刻，像是我搞定家庭生日派對，一切都像Pinterest上的照片一樣完美，工作上的簡報也超級順利，但也會有不如意的時候，像是我忘記預約看診、工作資料裡出現缺漏等等。我覺得生存模式可能比成長來得多，那些發亮的神力女超人時刻為我帶來撐下去的力量，像是告訴我：『可以的，妳可以做到。』」

罪惡感（Guilt）

「我想我可能比較接近生存模式，我沒有感覺到自己在成長，或許別人不見得同意我對自己的評價，但我內心經常出現批評的聲音，所以我得隨時去看見自己做得很好的地方，努力平衡自己的看法。我認為自己在努力生存，因為在工作的同時，我也擁有家庭生活。我非常幸運能夠擁有顧家的另一半，但我也常常為此有罪惡感，對方並沒有責怪我，是我自己經常有這樣的愧疚想法，只因為我想要『做自己想做的事』。」

感謝（Appreciation）

「我覺得要看那一天的狀況而定。有些日子，我的工作表現會受到大家的欣賞，所有人都喜歡我，這裡並不是說喜不喜歡我很重要，但如果大家喜歡我所做的事，會讓我覺得更有價值，這是我想要表達的意思。有些時候，我會遇到從未處理過的狀況，甚至越來越糟到我完全不知道該如何處理；也有些時候，我會遇到我們已經處理過五百萬次，而且以為在上次已經處理好了的問題。但整體來說，我還是覺得我在成長。先前在別的團隊時，我覺得要管理的不只是工作，還得關心整個管理群，這些管理群對我、我的事業以及我生命中想要完成的事根本毫無幫助，所以我覺得這要看我們自己如何定義成長和生存，如果與之前我待的團隊相比，我現在絕對是在成長。」

停不下來（Nonstop）

「我現在絕對處在生存模式。我的工作還蠻高壓的，是個步調飛快的環境，完全停不下來。我喜歡現在的工作，因為我對智力上的刺激很著迷，也對腎上腺素上衝的感覺上癮，但隨時隨地不停工作，隨時看見即將面對的下個難題，這些都把我切換成生存模式，而不是成長模式。」

機會（Opportunity）

「比起生存模式，我現在正在瘋狂成長，對吧？我沒有像自己期待的那麼具有影響力，但整體來說我的設定標準真的高得很荒唐，所以我也努力地向前進步。只要我開口，老闆就會教我工作上的事，當我陷入混亂，他們就會幫我指導方向，以免我逼死自己。」

學習（Learning）

「我覺得我在成長，我正在學習並且享受著，所以每天都抱持愉悅的心情準備上班。因為我早先有點沮喪，所以我先生剛才問了我：『妳覺得妳在學習嗎？』我說：『是的，絕對是學習，我正在面對挑戰。』」

「我認為我正在為公司帶來影響。我沒有像以前那樣升遷，因為現在的公司小多了，但我的職稱也已經比我的組員高很多。如果要我來形容成長，對我來說就是學習並且幫助公司變得更好，具體來說就是擁有決定任用人選、薪資、升遷安排、資源提供、員工體驗、創造更多元開放的優秀公司文化的能力，所以我完全認為自己在成長，而且我也喜歡這樣。」

「對我來說，我不見得符合每一份職務的條件，所以每項工作對我來說都有相當大的成長空間。我非常感謝現在的公司，讓我不需要回到校園修課，因為在這間公司的四年裡，我學到的比在大學四年還要多，甚至比商學院或是其他學校能教的還更多。」

心態（State of mind）

「我一直在想有沒有具體的例子，我跟另一半討論時，他說：『最近妳有點緊張，在經理的角色上做得沒有很好。』我並不享受我的工作，我的壓力很大，因為我認為沒有把事情做到完美，那我就是沒有做好。但儘管我自認為做得很糟，卻從組員、同事和經理那裡獲得正面回饋，直到最近都還有組員來告訴我，說我是很棒的經理。他們也向我分享，他們在一些想要建立的新關係上遇到的困難，所以我希望自己能夠擁有足夠的自信，不需要依賴他人的肯定。」

計算（Math）

「我在成長喔！假如只看數據，那我應該表現得不錯。我是個性比較強勢的人，即便事情很困難，但還是可以克服和達成任務，而且還要拿到最高分。我以前跟母親一起參加親師會，那時我還小，老師針對我的表現提出了一些顧慮，而我母親卻說：『聽好，我才不管她在你班上有沒有學到東西，她只要都拿高分就好。』我覺得這段話根深蒂固地印在我的心中。」

文化（Culture）

「我在成長。我有這樣的感覺是有理由的，因為我現在的公司擁有非常歡樂的科技圈文化，能夠帶給我力量……我們公司絕不容忍到處霸凌別人的混蛋。」

150%（150 percent）

「對目前的我來說，生存是比較貼切的描述。我覺得這和找到平衡有關，現在我正在前線，以科技幫助一向幫倒忙的人。實際上，科技幾乎可以處理所有事，但問題來了：為什麼科技可以做到所有事，卻還是有做不完的事？我盡力做好一切，但下班後，我還是得回家確認孩子是否練了鋼琴、八歲的女兒在成長中是否遇到問題等等，所以我常覺得在各方面我都已經做到150%，卻還是不夠，但至少我還在努力。」

我們所做的事 What we do

我自己則經常處於生存模式，通常是因為過多的工作量與身為母親的責任。我經常自我提醒：「日子不會永遠是這樣，事情都會過去。」藉此幫助自己避免迷失。我努力讓自己每天都擁有八小時的睡眠，以免變得暴躁；我寫下待辦清單，因為用頭腦記住每件事會讓我的腦袋壓力太大，並且在我處理完某些事之後會把它們加入完成清單，這樣我才能享受把它們刪掉的樂趣。我會為了完成這些小事獎勵自己，這樣我就還是能夠享受成功。

舉例來說，我的書桌上有一個玻璃罐，剛開始是空的，而每當我幫助別人、完成一項困難任務或是獲得稱讚，我就在裡面放一顆彈珠，搖動罐子所發出的聲音讓我感到滿足，也幫助我找到認同自己的片刻。看著裝滿彈珠的罐子，會在我遇到困難的時候，讓我的心感到滿足。妳是否擁有能夠幫助自己轉換感受的事物呢？以下是其他女性談到對她們有幫助的事物。

說不（Saying no）

「要看那一天的狀況！不過我覺得整體來說，我們可以培養拒絕的能力（雖然拒絕別人可能會讓我們尷尬，但我們不能對什麼事都說好）、了解自己呈現出來的樣子，以及預設期待並保持正面看法。」

轉變想法（Mental shift）

「我非常相信轉換想法的能力。遇到困難的時候、每當覺得撐不下去的時候，我會提醒自己專注在三件曾經發生過的美好事情上，或是想三個讓我真心感謝的時刻，透過這個方法，雖然狀態可能不會一下子徹底轉變，但我能夠告訴自己：妳已經盡力了，這樣已經很好。」

全面檢查（The gut check）

「我是非常直率的人，只要有我可以批評的事，我就會說出來，因為我認為說出來比較好，能讓事情浮上檯面，但並不是每件事都可以這樣處理，特別是關於同事間的人際關係。有個很好的方法，就是向同事拋出問題，例如：『欸，你覺得剛才那場會議怎樣？』或是『你有注意到什麼嗎？』這樣就可以偷偷確認：『這件事只有我這樣想嗎？』或是『其他人也是這樣看待剛才發生的事嗎？』藉此來檢視自己的觀點是不是帶有偏見。」

慢慢來（Taking time）

「一年前的我，那時候整個精疲力盡，我告訴醫生：『我不知道該怎麼做了。』於是我休了六個星期的假，其實並不是很長，但是足夠讓我去找教練、治療師以及物理治療師（因為我的膝蓋受傷等等問題）。能夠休息真的很棒，在那段時間裡，我覺得自己獲得了更好的想法，還有處理各種狀況的能力。我真的覺得擁有處理問題的能力拯救了我，讓我能夠活過那一年。」

進化（Evolving）

「我會說我在成長，我想我終於找到能給我支持的環境及團隊，這是很棒的組合，因為我可以盡情發揮能力和發表意見。

我還是很需要再更努力擴張我的資源、要知道如何讓某些經理開心、如何讓我的科技事業成長、如何把我的潛能化為實力、如何向上爬升。我們所做的事情很多都是為了要從A點前往B點，我也為此蒐集了很多資料，所以如果無法進步，也無法獲得好的結果，那我真的會瘋掉。

另一件微妙的事是，目前這份工作對我來說沒有太多消耗。我沒有從很遠的地方通勤上班，壓力也不是大到瘋掉，或是工作時間長到不行。我覺得這樣也很好，因為在過去五年中，我的工作步調極快，工作內容也包山包海、耗費心力，幾乎要用掉我所有經歷的80%到90%。現在我覺得『要轉移重心了。』但我不確定這真是轉移重心，還是只是變成一個比較正常的人。」

依靠別人（Learning others）

「我不覺得自己擁有正確的平衡，我嘗試了，但可能不夠努力。我不覺得現在做的事都是為了自己，如果我的生活能夠讓我在早上做點瑜伽或什麼的，那就太棒了……我覺得生存或成長的問題很迷人，因為在每個階段，甚至每一天裡可能只會有生存的時候。今天來這裡的路上，我和快要80歲的媽媽說話，她問我九月的事怎麼安排？我說：『我現在只想要努力活過今天，還沒有辦法去想九月的事。』我覺得也不見得是因為我處在生存模式……而是我們隨時都在試著稍微喘口氣。我認為在任何階段，我們都是一邊生存一邊成長。

我撐過來的方式是依靠朋友和支持我的人。我們要讓自己身邊圍繞著能夠理解自己的人，無論他們是否在科技業工作，是否經常加班，這都不重要，只要他們懂得欣賞妳這個人、妳做的事以及妳為生活所做的努力，我覺得這是最重要的。如果妳無法與別人連結，或是他們無法理解妳，那麼就比較幫不上忙，因為沒有可以釋放壓力的地方，所以妳會感到非常孤單。」

認識自己（Knowing yourself）

「我對成長的定義可能跟字典不同，我最喜歡做的事就是帶領團隊和技術達到我想要的高度。假如他們已經到達我期望的位置，那麼對我來說就沒那麼有趣了。現在我的團隊正在成長，但我卻發現自己沒有跟著成長，好像在原地踏步。在團隊需要支援的時候，我只是模糊地覺得可以做點什麼，而不是肯定自己已經掌控一切，但我仍是解決這些問題的人員之一。在這些過程中，解決的方法會慢慢出現，對我來說這就是成長的感覺。」

對的狀態（The right situation）

「遠距工作這件事為我帶來重大的影響，讓我可以整合工作與生活。作為三個小孩的母親，這樣的調整讓我能夠繼續追求對專業的熱情，同時也能在孩子成長的重要時刻，扮演好媽媽的角色。我很幸運能夠在管理團隊中獲得這樣的職務，擁有這樣的轉變。我認為在下一個職務層級裡，這些彈性空間會比較少，我希望能夠看到越來越多公司實現遠距工作或是彈性工時，因為壓力減少、省去通勤時間等等，會比傳統的工作安排更有影響力。」

聽到來自女性的分享之後，我很高興當時沒有把這本書命名為「生存或成長」，這種標題聽起來好像我們的生活只有兩個極端的選擇。事實上，我們每天都在生存和成長之間來來回回，隨時在經歷高低起伏，我們的生活就是去瞭解如何探索和影響這些模式。

既然說到這裡，妳是否想過辭職呢？我有，但嚴格來說只有很少的幾次而已。大多時候我想像的畫面是像烏托邦一樣：我站在大地、各種動物之間，沒有難聞的味道，孩子們都超級乖。那我會感到孤獨嗎？這個答案我們將在下一章節中找到。關於女性為何留在科技圈？又為何離開？這個主題的討論比我們看到的新聞報導有更多的細膩之處，答案或許會讓你感到驚訝。

3-4 留任的藝術
The Art of Staying

——妳不必是烈士，也不必是逃兵，只要清楚朝自己的目標奔去

寫這一章的時候，我即將慶祝我在谷歌任職的第18週年，也是我在科技圈工作的第20年。我在2001年加入谷歌，當時我一點都不知道自己加入了一間即將改變世界的新創公司，也不知道在短短幾年之後，我們就會推出電子郵件產品。每年都會填寫我對於谷歌感受的匿名調查表格，給公司意見。有好幾年，這份調查問卷上都有這樣一個問題，就是「我是否認為在未來的五年，自己還會繼續待在這間公司」，我每次都選擇了比較中性的答案，而我現在也還在這裡。

我為什麼留下來呢？這麼多年來很多人都問過我這個問題。一部分是因為我在谷歌的工作領域裡，擁有四項不同的職務，能夠追求各式各樣的企圖，包含管理和領導，同時我也有三個孩子，這裡的工作環境富有彈性，讓我能夠有效兼顧工作和家庭責任。我也喜歡這裡的人、喜歡解決問題、喜歡能夠成為改變世界的其中一員，總之我有各式各樣的理由。

但這表示我從來不會抱怨嗎？表示我不希望科技業發生改變嗎？認識我的人都知道答案。這就像是問我是不是愛著家人的一切一樣，我對家人再了解不過了，知道他們哪裡長痣、認得他們每一道皺紋、聽到他們每一次打呼。關於家人的奧妙之處，就是既能夠愛著他們，又同時看著他們的真面目，這也是我對科技的感覺，如果你願意聽，我可以整天批評科技圈，但如果我為他們辯護，也不要感到意外。

我有一天也許會離開科技業，但主要會是因為我對其他生活型態感興趣，或許是有關寫作與藝術的職業。每當我需要花時間處理工作表或開會的

時候，我就會開始想像不同的生活，但假如離開的話，我會和許多職涯中期女性面臨相同的狀況嗎？數據確實提出了預警。

我不斷重複引用一段來自2016年全國科技界婦女中心的內容：「有56%女性在職涯中期（10到20年資歷）離開公司。」[44]這項數據是來自2008年工作生活政策中心的研究報告，標題為「雅典娜因素：扭轉科學、工程以及科技行業中的人才流失」，其中討論了在科學、工程以及科技行業中的女性職業生涯曲線，[45]我引用這份研究的概述：

> 科學、工程以及科技行業中的女性，因為帶有敵意的男性文化而被邊緣化。對於身為團隊或工作裡的唯一女性，可能造成孤立感，有40%的女性曾有深陷泥沼的感受。科學、工程以及科技行業文化中的風險系統與獎勵制度，可能對想要避開風險的女性不利。最後，科學、工程以及科技行業中的工作包含極大的工作壓力，擁有不正常的緊繃時間。更嚴重的是，資歷十年的女性折損率最高，許多女性在30多歲的中期至後期，開始經歷職涯風暴：來自家庭的壓力升高，事業上的困境也同時來臨。

聽起來很熟悉吧！值得注意的是，原始的報告是針對科學、工程以及科技工作中的女性，特別排除了在商業環境裡工作的人或是非技術職務，而調查與研究傾向針對以上這幾類職務，是因為那些恰好是女性作為少數族群的類別。現在，這份報告已經超過十年，而在2014年更新的雅典娜研究證據中，顯示了這些狀況依然持續存在。雖然有的美國女性說喜歡她們的工作，但同時也有32%的女性說她們一年以內就要辭職。[46]

---

44 Catherine Ashcraft, Brad McLain, 以及Elizabeth Eger，「關於科技界女性的事實」，全國科技界婦女中心，2016年。

45 Hewlett, S.A., Buck Luce, C., Servon, L., Sherbin, L., Shiller, P., Sosnovich, E., & Sumberg, K. 2008.，「雅典娜因素：扭轉科學、工程以及科技行業中的人才流失」，工作生活政策中心，2008年5月22日。

46 Hewlett, Sylvia Ann, Laura Sherbin, Fabiola Dieudonné, Christina Fargnoli, and Catherine Fredman.，「雅典娜因素2.0：加速科學、工程和科技行業的女性人才培育」，人才創新中 心，2014年2月1日。https://www.talentinnovation.org/_private/assets/Athena-2-ExecSummFINAL-CTI.pdf

因此，當我訪問在科技業以及非科技業的許多女性時，我都很好奇：她們想辭職嗎？她們考慮辭職嗎？是因為她們在工作裡無法再有更多成長，所以想嘗試其他的事嗎？她們是為了照顧家庭而辭職嗎？在大量的訪談之後，我可以確定地說：「答案很複雜。」

當我問她們是否想過離開科技業？大部分女性馬上說不；也有很多人會停下來想一想，然後再說不；有些人說有可能或是以後可能；少數人立刻說會。女性和男性的想法有所不同嗎？不盡然。然而，既然數據指出女性離開科技業的比例比男性高[47]，在此我就不花時間列出相異與相似處了，大家可以自己辯論！

我們即將為這段針對女性在科技圈經歷的深入探討畫上句點，在最後一章裡，我會帶大家認識還留在科技業中的女性，聽聽她們在思考什麼、期待什麼。接著，我也會為大家介紹離開科技圈的女性，或是正打算離開的人，告訴讀者她們這麼做的原因，以及她們將要前往哪裡。

我們為何留下？ Why we stay?

關於我所提出的：「妳想過離開科技行業嗎？」這個問題，有些女性回答得很直接，因為她們從來沒有想過這個問題。凱西這麼說：「這個領域就是很有趣，在這裡可以做很多不同的事。」吉兒說：「我從來沒有想過要離開科技行業，因為我太喜歡這裡的創意。」瑪瑞莉也一樣享受在科技圈裡工作，對她來說科技業的意義是：「參與一個步調飛快、有趣、新鮮並且創新的環境，在這裡妳就是自己的老闆，可以和來自全世界的傑出人才合作。我真的不覺得有比這更好的工作，每一天都在我意識到前就過完了，這種事只會在妳真心享受自己所做的事時才會發生。」

---

47 Ryoo, Shane.，「為什麼女性離開科技行業的比例比男性高45%」，富比士，2017年2月28日。https://www.forbes.com/sites/quora/2017/02/28/why-womenleave-the-tech-industry-at-a-45-higher-rate-than-men/#3db4410d4216

卡蜜兒也從來沒有想過離開科技圈，儘管她還是會比較其他公司的職缺，但她仍只專注在科技行業，她對於能夠擁有工程師客戶感到奇妙，也非常享受這類型工作所帶來的挑戰。凱倫則是深愛這裡的步調和各式各樣的人，並且喜愛科技所帶來的影響，「我知道在這種時候說這些話很奇怪，但是整體來說，科技價值就是我的價值，科技可以讓世界變得更好，也讓社會變得更好。現在有很多方式可以讓科技變得平價，也讓世界各地的人和沒有資源的人更容易取得。」

許多女性提到科技行業的薪資很高。有位女性分享，當她看到非營利機構的薪資時：「它們的薪資低得嚇人。」此外，轉換產業也讓人擔心自己的選擇是否正確。潔西卡知道她有一些選擇，但不確定是否都是合理的選擇，「當然有很多非科技公司，但很難知道對職涯來說，換跑道是不是好的選擇。」經過一輪面試後，潔西卡確實也獲得一間非科技單位的就職通知，但她認為：「如果我做了這個選擇，要回到科技行業就很難了。雖然那裡的生活方式比較好，但這間公司的報酬實在不多，畢竟我是家庭的主要收入來源。」最後，潔西卡還是選擇在經濟面比較有幫助的科技業工作。

我訪問莎拉的時候，她才剛從公司辭職，但她仍舊在科技圈工作。「我實在不知道離開科技是什麼意思，因為科技在所有產業中都存在，除非是指徹底離開現在的職業，然後成為女演員或是作家。」而當莎拉研究其他選擇時，她認為自己還是會將重點放在科技，不管是尋求在科技公司的工作，或是其他產業裡需要科技解決方案的職務。

最後，我們有許多人能夠來到現在的位置，擁有現在的機會，都是無比幸運。雖然我們都遭遇過困難，但整體來說，卡萊覺得：「這是一項殊榮，因為不是人人都有這樣的機會，雖然有時候真的很辛苦，但是我明白所有工作都是這樣，其他工作一定也有誇張的事與職場內鬥。」

可能性（The maybes）

不是每個人對可能性都有清楚的答案，許多女性和我一樣，被問到這點時，都會停頓一下。她們曾經想過未來的可能性，但多半是以夢想的方式。莉絲說她想當農夫：「我想從事和泥土有關的工作，我覺得擁有跟現在工作完全相反的夢想是很自然的。」而貝瑟妮如果離職的話，除非擁有「比做夢還棒的機會」，否則她絕不會到競爭對手公司任職，她認為自己應該會做「完全不同的事」，例如開冰淇淋店。貝瑟妮說：「我擁有開自助洗衣店的夢想，因為我超愛摺衣服。我知道這很怪，但這讓我獲得成就感，每當收拾完衣服，我就可以把摺得漂漂亮亮的衣物整齊放進抽屜，然後把這件事從待辦清單上刪除，這會讓我覺得那天完成了美好的事。」

擔憂（The worries）

貝兒薇亞沒有想過要離開科技業，但她意識到自己接近退休年齡。「我從來沒有對別人說過：『我做夠了，我再也不要做這件事了。』」她還記得幾年前，剛進入科技業時，比她年紀大的同事正在擔心因為年齡而被淘汰。「那時我還說：『妳在說誰啊？妳還很年輕，超有活力的。』而我看著年長同事後來的經歷，開始覺得：『喔！等等，現在要輪到我了。』」貝兒薇亞在現在的團隊中覺得安心，是因為這個團隊喜歡年長的人，但貝兒薇亞知道每個團隊都不同，會不會到了某個時間點，她就無法適應或是被淘汰？

雖然貝兒薇亞如此擔心，但目前看來還不是個大問題。舉例來說，她曾經在公司同事的一段聊天內容中發現，大家在討論自己已經60歲，而最近找到了新工作。貝兒薇亞覺得這樣很棒，不僅表示未來她還可以繼續工作，也表示有公司需要成熟的觀點和經驗。「工作細節可能改變，但是整體的商業作法、營運模式等，大致是一樣的，因此成熟一點的人能夠提供平衡。假如太年輕，可能會衝太快、埋頭苦幹，有時候這並非是有用的方式。」

喘口氣（Taking a breather）

有些人不想辭職，但是希望能休息一下，藉由暫時抽離科技世界幫助她們放鬆，並且重新恢復視野。友蘭達已經休息兩次了，最近一次的旅行是在一年前，她帶著兩個孩子與她的先生，一起放下矽谷的工作展開旅程，並且利用額外時間自學新事物，這段旅程讓她大開眼界。十年前她和先生的蜜月是背包客深度環球之旅，「那段旅行中，沒有什麼需要動腦筋的事，那是我一生中做過最好的決定。」當時友蘭達擔心旅行回來之後是否能找到工作，而現在友蘭達知道一切都會很好。「我知道自己在做什麼，一切都會很好，而且不會後悔。」

友蘭達把旅行當成休息。「好幾個月來，我連六小時的睡覺時間都沒有，我已經快要消耗殆盡了。我這一生做什麼都是竭盡所能，努力工作，也努力玩樂，但要兩者同時做到非常困難。」就算旅行回來之後有找不到工作的風險，友蘭達也沒想過要離開科技圈：「沒有什麼是最好的，也沒有完美的事。」友蘭達認為，如果真的離開科技圈，「我會切換到完全不同的模式。」會去做快樂與個人滿足比金錢重要的行業，例如非營利事業。

我訪問米塔莉的時候，她剛辭去長達15年的工作，之前她一直任職於同一間公司。我問米塔莉離職後在忙什麼，她說她每天都早起、冥想、閱讀、散步、和老朋友與同事聯繫交際、擴張自己的眼界。米塔莉擁有工程與商業學位，以及諮商、科技、金融、人力資源方面的工作經驗，米塔莉發現她的職業生涯經驗為她打造了完整的管理層循環。那麼接下來該做什麼呢？米塔莉說她想要休息一下，好好思考該如何使用這些能力。米塔莉因為前一次成功從商業開發領域跨入人資領域，讓她擁有勇氣去做職涯的大轉換，現在米塔莉想要花時間思考的是：「在跨入新職務之前，我想找到對我來說什麼是重要的。」

風險（At risk）

女性因為各種原因考慮過離職，根據國際全方位發展前線領袖專案

（DDI's Frontline Leader Project），有57%受訪者的離職原因是主管[48]，所以當我在訪談中聽到同樣的原因也不感到意外。瑪瑞莉表示，她有一次幾乎要離職，「我那時沒有什麼動力，也不認為自己有拿出好表現。我和公司人資部門聊過之後，發現我的問題源頭，其實就是不支持我的經理。」瑪瑞莉強調「可以啟發你、給你動力、讓你擁有成長空間的主管」非常重要。後來，瑪瑞莉換了新的經理，感覺馬上煥然一新，現在瑪瑞莉明白勇敢發聲的重要性。米塔莉也認同在工作中的幸福感與成功這件事上，主管扮演了重要角色：「他們相信我，讓我冒險嘗試，沒有過度管理，也容許我犯錯和失敗。」

黛安認為，她所屬的團隊文化本身就是風險。她還記得自己幾乎處於沒有支持的環境中，所以每天都想要辭職。公司的管理鏈由男性主導，黛安認為在這間公司環境中的女性大概都無法撐太久。「可能大家就是這樣，大學畢業，找到工作，到公司上班，然後離職。」直到黛安轉換到別的團隊，她才看見自己的未來道路。「那時我不知道自己是否能夠留下，後來我找到位置並告訴自己：『好！我可以處理好，並且找出往上爬的方法。』」現在黛安知道一份好工作會是什麼樣子，「就是在工作中你可以信任你所處的系統，管理層會考慮你的利益，你能對自己的工作成果感到滿意，而且當你有想法時大家會聽見。」

有時候，我們會考慮和產業有關的事，以及我們是否能在這個行業裡找到目標。亞莉克絲說，她經常思考是否要離開科技業，但她前一陣子才接下在科技圈裡的新工作。「有時候我對這個產業感到沮喪，為什麼這裡可以用這麼多的資源和力氣，打造毫無意義、膚淺、對人類沒有價值的東西？但後來我想到，其實我可以換公司或換團隊。也有時候我會質疑自己的能力，我真的適合當工程師嗎？我擅長這件事嗎？」高紗（Gosia）也不確定自己該留下還是離開，在科技領域工作幾年後，她還是沒有真正和工作連結。高紗想要從內心深處尋找答案，「多年來，我練習冥想、先知訓練、求助宗教、守安息日以及到非洲做義工。任何時候我都問自己，是否應該離開科技業，而

---

48 美通社，「DDI研究：有57%的員工因為老闆而離職」，新聞發布：2019年12月9日。

我得到的答案是『不』。」最後，高紗發現她的目標是想服務人群，她開始帶領他人、學習指導課程、在媒體上分享文章。最近她遇到一位女性，「她說她把我的文章列印出來，放在自己的書桌上，這讓我非常滿足。」

雅德莉安直率地說自己有其他的興趣，也許有一天，雅德莉安的興趣會贏過科技：「我覺得科技圈有保存期限，這麼說是因為在科技圈以外還有很多迷人的事物。」雅德莉安熱衷美食，她未來或許會想好好探討這個領域。「我想要探索不同的事，或許我的科技能力將成為這方面的基礎，但目前還不確定我是不是會一直待在科技圈。」

雅德莉安最近才接下公司裡的新職務，但在之前她一直考慮自己是否應該休息一下。「以前我不會想當全職媽媽，或是趁孩子還小的時候，多待在家裡陪孩子，但是現在我的生活已經來到這個階段，要兼顧家庭和工作對我來說很困難。好笑的是，大家會過來問我：『妳怎麼做到的？妳怎麼有辦法做到全部？』我只能哈哈地苦笑。我覺得我只是在死撐而已，有時候我會想：我沒辦法全部都做，我得停下來休息一下。」

最後，雅德莉安休了六週的假，並參加事業訓練課程。「有一門價值流程圖課程，課堂上所有的時間都用來檢視自己，我發現自己仍對進行專案、解決問題、擁有好同事等等，這些上班族的日常抱持熱情。」教練幫助雅德莉安看見自己為什麼想要留任工作，於是雅德莉安現在感興趣的事，就是繼續上班並維持平衡，而不是離職。「我為了獲得事業上的指導而去上課，但我覺得我得到的比在治療課程上的還多。」雅德莉安也獲得了新想法：「我需要放下自尊、不在乎別人的看法，因為我真正在乎的是家人。我覺得上課之後，好像可以比較勇敢去拒絕一些社交活動，有些社交其實等於是晚上加班，對吧？我不喜歡晚上加班，我想要回家早早上床睡覺休息，還有陪我先生。」

蘿拉很確定地回答：「有！」她確實想過離開科技業，但有時候連她自己也想搞清楚，到底自己想要離開的是灣區這個地方，還是科技業本身。「我自己也搞不清楚是哪一個，假如我在別的行業工作，就不會有這樣的感覺了嗎？」蘿拉認為這個問題與自己是誰有關。「我是很有野心的人，所以總會讓自己承擔太多責任。我先生都會和我開玩笑，就算我改行當工友，或者回到我家的農場工作，都有辦法把自己搞得壓力超大，然後有過多的企圖心。」

缺乏地點彈性也是訪談中提到的壓力因素之一。雅莉娜一開始在雜誌出版事業，她慢慢往上爬，變成線上內容專家，後來轉換為公司網站的管理編輯。在科技業異地工作九年之後，現在雅莉娜考慮離職。「在很多方面，我感覺自己像是離開職場的母親或是兼職工作的人，因為我的升遷速度簡直慢到不行。」雅麗娜看見，公司裡那些經驗較少和影響力遠低於她的同儕們，都相繼升遷或是獲得專案，這讓她感到沮喪。「當我得知有同事的直屬主管是集團老闆，這讓我更難過了。我的主管只是和我同級的一位經理。」雅莉娜最近獲得升遷，但這個升遷幅度太小也太晚了。「我爭取超過兩年之後才獲得，儘管我還是為爭取到升遷而感到開心，但整個過程很苦澀，也讓我洩氣。」有鑑於遠距工作對雅莉娜事業的負面影響，她接下來想要尋找的工作是不需要遠距工作的類型。雖然雅莉娜也認同科技公司應該接納遠距工作，但她希望科技公司能夠拋下「遠距工作的員工，是沒有努力工作的員工」這種過時見解。

離開工作或公司（Leaving your role or company）

許多女性都提到，想要離開現有的工作或公司，而不是離開科技業。有些人認為，現在的自己不會像以前一樣，在工作待上那麼久了。我鼓勵大家思考自己的界線，妳願意在不適合的文化（又或是不適合妳的職務、不信任妳的經理）中停留多久？嘗試抗爭多久？而什麼時候又是離開的好時機呢？雖然我很高興，妳我都一起為改善環境而努力，也很高興我們擁有忍耐力，但同時我也希望我們都能好好照顧自己，把我們的健康與幸福視為優先。離職或許對我們來說是最好的選擇，但當我們這麼做的時候，不要單純只考慮到「離職」這件事。

當我訪問米塔莉，她是怎麼在不支持自己的經理們手下工作，她說：

「我要不停地證明自己，有點像不停在撞牆。」對方不願意改變心態，所以就算我多努力去證明自己也沒有發揮效果，而且「這對我的健康和價值沒有幫助，我花了很多時間才明白，我的能力和經驗在別的地方更有價值。」米塔莉獲得教訓後，就在看到舊事重演前快速離開職位。「在幾次互動後，我就明白經理以僵化的心態看待我的能力，我也無法改變他，所以這次我很快尋找新的職務。」米塔莉還記得同事這樣告訴她：「如果妳在一個單位待上一段時間，有時候離開會比較好，因為公司可能一開始對妳的為人就抱著先入為主的定見。當時我不認為這有可能發生在我身上，因為我一直在精進我自己，後來我認為早該離開，好讓自己擴展並轉換不同想法。」

友蘭達提醒我們：「離職是可以的，特別是當我們處在不清楚事情將如何發展的局勢時，離開可能比整段時間都在苦戰來得好，不要覺得死撐對妳和公司來說比較好。」儘管這個決定很困難，尤其我們會認為，這樣別人就贏了，但有時這就是心態的關鍵所在：「我們要知道有問題的是妳身邊的環境，在其他地方我們會成長得更好。」

離開科技圈 Leaving tech

在撰寫這一章時，剛好注意到我所追蹤的臉書社團「科技圈媽媽（moms-in-tech）」裡的貼文。在這個社群裡，女性可以提出敏感問題並與別人交換意見，是少數安全而私密的空間。在社群中，有位母親問大家想離職的頻率是多久一次，還是她們對自己的工作仍充滿熱情？如果想要離開的話，會是為什麼呢？我持續關注這則貼文，有70則回覆湧入這個話題，那大家的回覆重點是什麼呢？女性喜歡工作，但是討厭辦公室政治、不良的公司管理、不當的領導決策、維持工作與家庭的疲憊、沒有受到啟發等等，而若沒有太直接的經濟壓力時，她們就會選擇離職，尋求其他能夠帶給她們支持的工作或公司。如果無法離職，有些人會開始幻想自己變得獨立、多金或是贏得樂透大獎，所以要讓她們留下來工作的首要原因是什麼呢？就是讓「彈性」成為職場的常態，無論是居家工作、遠距工作或是彈性工時。

臉書貼文裡沒有科學數據，但在撰寫這本書的時候，我不斷看到關於這個主題的討論。知道我在寫這本書的人們——就是任職於科技圈的女性、離開科技圈的女性、正打算離開科技圈的女性——她們就是我的潛在資訊來源。我透過LinkedIn詢問受訪對象是否正要離職或是考慮離職，有位科技圈女性的先生和我聯絡，表示灣區的高消費是他與太太離開的主因，他提到了三種壓力：一是要在競爭激烈的環境中擁有成功事業，二是在矽谷這樣高消費地區要滿足家庭生活需求，三是要擔任好父母。另一位受訪者提供了一篇科技圈女性群體的貼文，在一篇相同主題、針對女性是否對科技感到疲憊的文章張貼出來之後[49]，湧入了一百則回覆。許多回覆的人是工作團隊裡的唯一或少數女性，其中有些人因為男性優越說教、辦公室政治、必須對男性自尊小心翼翼等原因而感到疲倦；有些人則是在科技業已經待了數十年，覺得是時候做出改變；也有些人是已經離開並且找到更好的環境。因為以上這些許多的原因，讓文章新聞稿的來源也提出疑問：這篇貼文是為了讓女性打消進入科技業念頭的反串文嗎？

儘管這些女性只是以簡短的臉書留言回應，卻帶給我和我所訪問的女性們，完全一致的感受。我傾聽女性的分享，認為這些數據和文章無法避免地會讓「女性工作者流失」，尤其當育兒需求出現的時候，但是解除她們失望的方法卻也非常簡單：女性工作者的流失發生在無法獲得啟發或感到疲憊時，而女性對科技圈的熱愛來自於改變世界，以及讓生活過得更好，所以如果科技無法擁有達成這些目標的能力，就必須承擔流失女性員工的風險。

她們為什麼離職（Why they go）

剛到谷歌時，我和珍妮佛一起工作。珍接手廣告事業早期的詐騙防範措施，而我則處理廣告受理政策。「那時候工作超級有趣，很讓人興奮，可以一直看到工作的發展。」後來，珍離職擔任全職母親，但之後又回來上班，並且在我的團隊裡工作。我還記得珍那時候跟工作超不合拍，她自己是這樣

---

49 Akhtar, Allana.，「近四分之三的科技女性在考慮離開科技領域，表示仍存在性別多樣性問題」，Business Insider，2019年10月15日。

描述：「我回到谷歌上班時，那裡已經變成完全不同的公司，我覺得自己像個機器人，雖然一切都建立得盡善盡美，但我卻無法像以前一樣享受工作過程。」珍不斷問自己：「我有增加價值嗎？還是只是在確保沒有增加更多問題？」這些問題是一場無止盡的自我拉扯。

後來珍第二次離開谷歌，我想為她找到可以在家進行的工作，因為她有年幼的孩子們。那時聽說了Stitch Fix是一間專門幫助女性擁有穿衣風格的服裝公司，提供每月的服裝配送服務。珍熱愛時尚，也推測這家公司需要的是遠距兼職工作人力，結果她在這間公司找到了遠距造型師的職缺，也通過公司的設計測試。就珍過去的經歷來說，這是場全新的冒險，她表示：「那裡的步調很快，是一間由女性經營的公司。對於能夠和這些美好、傑出、想要讓女性更愛自己的女性們一起工作，真的非常興奮。」

後來，珍獲得升遷，成為造型經理，她管理50位遠距造型師，非常困難，但是有趣。「在這個職務上，我用上了在谷歌學到的所有技能，建造了新的流程、新的聘用政策以及思考如何激勵員工。」而當她搬到奧勒岡時，她無法繼續和Stitch Fix合作，因為它們沒有波特蘭分公司，公司的政策也不接受在美國境內卻不隸屬任何辦公室的員工。

距離那時候已經過了將近三年。奧勒岡的企業比較少，能夠探索的機會也有限，現在珍的孩子們漸漸長大，她還是想要獲得新的工作機會。珍喜歡科技工作的快節奏和能夠做出改變的能力，同時她也挑剔，不想只是回到以前待過的科技公司，而且她也想繼續保留每週工作不超過40小時的彈性。珍每隔一陣子就會和全職家長夥伴們聊天：「我們都會提到同一件事，就是希望能繼續擁有彈性的工作，大家都不想要全職工作。」珍指出，連許多擁有碩士或博士學位的人，都因為需要照顧孩子，而在履歷上留下空窗期。現在，她們的孩子能夠照顧自己了，所以她們也都開始想「現在還有哪些公司會看見我呢？」

珍有一位律師朋友，這位朋友發現自己的女兒是自閉兒時，她馬上意識到自己沒有時間幫助孩子。這位律師每週工作70小時，怎麼可能有時間為她女兒安排教育時間，或為她請專業治療師，所以無論如何她都必須離職。珍又提到另一個案例，有位女性朋友的先生擁有一份80%時間都在出差的工作，這位女性想要繼續工作，但她得支付薪資的75%才能請人幫忙接送孩子，而且她的公司沒有居家工作的選項，所以她只好離職。珍的看法是，有90%的離職員工都面對相同的困境，就是她們根本沒有辦法留下，所以必須要離職。

有關公司如何運用兼職員工，珍進行了更多研究，並發現很大的差距。我問珍，女性是否會想要接受重複性高的工作內容？還是她們想要尋求更大的挑戰？根據珍的看法，這就是問題的一部分：「公司認為她們的能力遠超過職務的需要，於是公司不想要聘請她們來輸入數據或是管理專案，因為他們覺得這些女性根本不會接受這樣的職務。」但是當珍和媽媽們聊天時，她們表示願意接下這樣的工作，因為她們只是要找些工作來做，讓腦細胞在不同方面運作。

珍認為，企業可以開始運用未開發的人力。有些人嘗試利用自由工作者線上網站來求得機會，但自由工作者的市場很競爭，求職者可能還是拿不到機會，所以和公司合作，公司聘用這些未開發的人力，可能可以創造雙贏的局面，因為這群工作者接受過高等教育又擁有工作動機，珍說：「她們可以用比別人快兩倍的速度完成工作。」同時，珍也在非營利機構擔任董事，這個機構專門為有需要的女性提供大改造的服務，這些女性都剛出獄、逃離家庭暴力或是經歷性人口交易。這些女性由美國衛生及公共服務部（State Health Departments）轉介，她們都會獲贈一份禮物袋，其中有衣物、彩妝等用品。而珍也在女兒的學校擔任助教，服務一位自閉症兒童，她為自閉症學童建立獎勵系統時，讓一位母親熱淚盈眶：「妳擁有來自科技業的創意，在任何工作裡都可以運用。」

一事無成（Hamster wheel）

我在一場女性領袖晚會遇見琳希萊爾（Lindsay Lyle），那天她說到自己離開總監職務，然後要休息一陣子。我很快地湊過去問她原因，明目張膽地為這個篇章收集資訊，幸好琳希很樂意分享，她覺得自己現在一事無成，不僅是科技工作，也包括在灣區的個人生活。她在科技業的工作受到全球關注，於是她也問自己可以帶給世界什麼影響，「我希望能獲得自信，相信自己有把時間花在我覺得重要的人事物上，特別是朋友、家人、社群、地球以及影響著我們孩子與政治的環境、社會規範。」琳希已經不需要透過金錢和地位來證明自己，她想尋找一段新的冒險。

伊莉莎白則是想要找到一份每週工作40小時的工作。多年來，她任職於辛苦的工作，現在想要「放下工作，探討自我，並且為我與家人找到最好的下一步。」家庭平衡對伊莉莎白來說很重要，因為伊莉莎白的先生也擁有長工時的工作。「我們不能雙方都長時間工作，然後在身體健康、心理健康、飲食、睡眠上妥協。」有趣的是，儘管伊莉莎白擁有比他先生還高的職位頭銜，「但我先生的薪資幾乎是我的兩倍，因為他任職於矽谷的頂尖公司，而我則從事醫療器材行業，一般薪資行情沒有那麼好。」無論薪資如何，對伊莉莎白來說，由她放下工作對她來說都很合理。此外，伊莉莎白的父母年老了，兩人都不在美國境內，因此她也希望能夠找到遠距工作的職務。伊莉莎白希望美國能夠發包「每週35小時工時的工作，像一些歐盟國家一樣，這樣對我的家庭生活來說會很有幫助。」

史黛拉也有類似的事情，她在一間科技公司工作18年，最近決定離職。一路上，史黛拉撐過了許多艱難時刻，像是待在不受歡迎的團隊、冒牌者症候群、凡事要做到110%正確等等。史黛拉後來獲得更好的機會並且成為總監，而現在她將準備更大的改變。史黛拉一手孕育了新的專案，但最終卻終止了，她覺得已到了需要重新評估自己的時候，「最近我不覺得自己在做和科技有關的工作了，我現在做的是人事、談判與績效評估。」史黛拉努力擴展多樣性與包容，這是她喜歡的工作項目，但卻無法滿足。「我認為這應該與總監職務有關，工作內容需要『看人與數字』，但我不喜歡把人看作數字，我覺得自己花了很多時間在工作上，但卻不是在做我想做的事。」

史黛拉休息了三個月，想要在轉換跑道前弄清楚外面的世界。在咖啡廳裡，她和很多朋友聊天，藉此深入了解他們的工作。有天，史黛拉剛和朋友分開，腦中突然湧現科技童書的點子，而她現在也已經著手研究「如何向九歲的孩子說明二元進位」。此外，史黛拉也有許多可以追求的機會，從諮商到打造應用程式，「我意識到我有很多和人對話的經驗，不管是科技管理或是關於多元、平等、包容的議題。」無論追求哪種職務，史黛拉都希望擁有彈性的時間，「前陣子，我家老大說：『媽媽，妳從來都不在這裡。』現在孩子對什麼都很有興趣，所以我想要陪伴他們。」

該是來點新鮮事的時候（Time for something different）

女性會自然而然往不同職業階段前進，並遠離科技領域。依梅（Emel）離開職場加入家庭事業，貝西（Betsy）是轉向心理學，而金則來到育兒領域。她們現在完全投入事業的第二春，我很好奇處於不同領域的她們，現在如何看待科技行業。

依梅是家中的第一代大學生，她主修行銷，「在學校時，沒有任何人帶領我探索大學生活，所以朋友做什麼我就跟著做什麼。」現在，依梅運用照顧自己的能力，轉換應用在工作上。依梅當初在谷歌負責基層工作，從在土耳其辦公室審查廣告開始，接著轉向行銷，她很喜歡這間公司：「我在別的地方都沒有像在谷歌那樣，成長那麼多，也沒有像在谷歌一樣可以得到接納和鼓勵。」但依梅同時作為難民移民，仍感覺到格格不入：「我覺得大家和我不一樣……我身邊的人都有特別的學經歷，他們可能來自哈佛大學、史丹佛大學或是耶魯大學。」依梅也很早婚，所以她和年輕、總是在跑趴的同事有不一樣的生活。

依梅離開谷歌，主要是因為她想推進自己。她進入另一間科技公司，但是不太適應那裡的文化，「之前15年裡，我待在鼓勵發言、為客戶做正確的事的文化裡，但現在我所任職的公司文化則完全相反。」依梅在那裡工作了兩年，但她不是很開心，後來因為家族事業的機會而選擇離職。現在回想起來，依梅覺得自己當時或許有機會留下來，因為在她離開的時候，有一位她所敬重的領袖才剛要加入這間公司。「這就是擔任領袖的人有多麼重要的原因。」現在，她在自己家族的雜貨事業負責一個部門，現在的工作讓依梅知道自己喜歡小企業的工作環境，於是她想要幫助這個事業成長。

未來，依梅不打算要回到科技業。她覺得之前在科技公司的時候，為家庭、工作、生活的平衡犧牲了很多，她認為那時候的自己沒有給孩子足夠的陪伴。依梅現在也很努力，工作時數也沒有減少，「但是為了目標成功的自願選擇，和不得不做的選擇是很不一樣的，科技業就屬於不得不做的那一類型。」在年輕的時候，依梅不覺得時間成本很高，但現在她不確定是否想要像以前那樣付出自己的時間。她還是會想念當時工作中的穩定性和可預期性，「如果你好好工作，就會得到回報，環境就是這麼簡單。最讓我後悔的其中一件事，就是經濟的穩定性不一樣。」更重要的是，依梅想念以前的同事：「那是我覺得很珍貴、無價的部分。」依梅在科技公司工作的時候，每天都深受身邊的人啟發，她很想念那些與同事工作的時光。

貝西大學主修應用數學，擁有統計學碩士，並於2016年回到校園，學習諮商心理學。後續的實習經驗讓她明白，自己並不想成為保險精算師，於是在數據分析工作之後，進入科技業。儘管貝西熱愛科技，熱愛那裡的環境、人們、成長速度和信念，但是貝西卻從沒找到讓自己快樂的園地，她必須要一直換團隊，才能持續擁有挑戰的感覺。之前，她也感受不到與產品的連結（有時候是自尊心），在科技行業裡也是如此。貝西嘗試過兩間不同的公司，在找到目標之前，她甚至去上課或是旅行，後來她決定成為一位治療師。

儘管已經知道目標在哪，但對貝西來說要離職跨入新領域仍是很困難。「我已經習慣每天要處理海量的電子郵件以及大量工作，對我來說，服務別人讓我感到滿足，少了這些時候，我不知道自己是誰。」貝西也在猶豫是否要擔任全職媽媽，因為不花一些時間待在家裡，會讓她有罪惡感，雖然有這些挑戰，貝西還是完成了碩士學位。在貝西開心邁出步伐的同時，她也會懷疑自己是否應該停留在現在的職務，然後等候升遷，或是在現在的道路上繼續前進，或許會在途中找到價值？因為貝西熱愛科技業的環境，所以她也想像過帶著諮商能力回到科技行業。

金也跨入了完全不同的領域。她離開了大學時就開始的科技工作，成為一位兒童教育家，並憑著能力與人際經歷，成為育兒中心的主任，這個位置比金預期得更早來到。儘管金覺得自己經常過度工作，但是她可以彈性調整自己的行程表，來改善因為三個孩子而忙碌的生活。

金離開科技圈完全是因為工作與公司，「我的工作不有趣了，每天都和一群新來的工程師爭執一樣的內容，不管我怎麼努力，每天都得花時間說服新團隊。那時公司正在成長階段，我認為那種風氣不好。」當時金也懷了第三個孩子，「如果我沒有懷孕，或許我會試著撐下去……我想留下來的一部分原因是因為公司福利，但如果我留下來，要轉換到其他職務也會非常困難。」在那間公司裡，金沒有看到很多其他選擇，而且換到別的科技公司感覺也差不多。然而，當時金對育兒領域很感興趣，而且成為老師的職涯道路比行政人員來得清晰。「我的先生超支持我，他說：『沒問題啊！妳就辭掉高薪工作，從每小時賺17美金開始吧！』」

金現在已經離開科技業。從某個角度來說，人們的價值經常在職場裡被掩蓋，金覺得這件事很荒唐，所以她常常告訴別人：「就算離職，你仍是有價值的人。」有人說因為工作的津貼很多，所以很難離職，金則反問：「這點小錢值得你一直忍下去嗎？要知道公司外面不是沙漠。」除了科技公司以外，外面也有很多工作機會，所以對於離開科技業，金完全沒有猶豫地說：「我從來不覺得後悔，就算是在我最難過的日子。」

聽到這些故事，讓我感到安慰。宣揚女性因為可怕遭遇而離開科技圈，會讓人感覺很糟，對於在訪談中要不要揭露更多類似的遭遇，我也曾經猶豫。雖然會遇到困難，但她們都是經過深思熟慮去做選擇，並且尊重自己的決定。我不願看到女性成為逃兵，我想要看到的是她們都朝自己的目標奔去。

這一章強調了對我來說很有趣的訊息：不能把女性離開科技業這件事，都歸咎於遇到壞老闆、遇到爛公司或是生小孩，因為就連在正常運作的科技世界裡，每天仍會消耗心力、衝擊著女性，並引導她們向外尋求其他機會，因此這又帶來了下一個問題：我們該如何改善呢？

結語
Conclusion

「希望」本身就很強大——蜜雪兒歐巴馬

在冒險故事裡，英雄絕對不是孤單的。他的身邊總會有配角、紅粉知己、相信他的朋友、達成目標所需的各種支持與幫助。事實上，英雄多半也必須明白，所有人都需要擁有團隊，才能到達那種美好的高度。我開始撰寫這本書時，想要藉由分享女性故事，來幫助其他女性。我沒有以犧牲奉獻的姿態、激進的作風，或是發起革命來改變世界的遠大抱負，相反的，我想到的只是那些在冒險中的每個可怕時刻，例如當我們認為自己不特別的時候、對自己的能力有所懷疑的時候，以及懷疑一切的時候。在那些時刻，我們需要的只是有人輕輕推我們一把，讓我們回到正確的方向，並提醒我們「明天的美好和成功的信念，值得我們承受今天的痛苦」。這些是我撰寫這本書的理由，我們的故事交織在一起，形成一張安全網，在我們需要支持與盼望的時候，能接住我們和為我們加油打氣。

當然，我也想要看看妳我是否擁有能夠改變世界的那份渴望。

所以我給女性們最後的提問是：「假如妳可以改變一件有關科技領域的事，妳會選擇改變什麼？」在回答之中，包括了以下主題：擁有更多女性領袖、擁有更彈性的居家工作模式、希望這個行業不要那麼高傲、在想法上更多樣性。以下我整理了科技圈女性們的想法，不僅是寫給其他女性看見，也包含我們的盟友，而以下內容就是我們可以吸引、聘用、留下更多科技業女性的關鍵方式。

我想起一個小時候曾經玩過的古老遊戲：「硬得像羽毛，輕得像紙板。」這是大家在過夜派對裡經常玩的遊戲，所有人會圍著一個躺在地上的女生，大家一起把手指塞在她的身體底下，然後像咒語一般念著「硬得像羽毛，輕得像紙板」，反覆個30幾秒後，我們會一起試著撐起手指，僅以手指的力量，把中間的女生整個抬起來。小時候會覺得很神奇，但這其實不是魔術，當我們都貢獻了小小的手指力量，並一起支撐的時候，便會覺得負擔很輕。

聘用多元世界 Hire a diverse world

「我們需要在領導階層上有更多女性與少數群體，看看現在高階的管理人員，他們通常都擁有同類型的背景。我們了解的事物會吸引我們，因此假如在高層中缺乏不同人種、膚色、性別或是其他種類的組合，我們就會只願意接受自己已知的事物，永遠無法以不同角度去看待。」

「一直以來，讓我感到無限感激的是，儘管我缺乏正式教育，卻仍可以進入世界上最棒的公司工作。我看見這類的事情越來越頻繁出現，讓沒有傳統學經歷背景的人，也能擁有機會。我想這歸功於科技圈的前輩們，對吧？例如史蒂夫賈伯斯，他也沒有受過正式教育，卻擁有創意與批判性思考能力，並且看見願景。我想在所有的行業中，科技產業真的是能夠純粹地看見人的才能和心智的領先產業，讓這些人也可以走進公司擁有一席之地。我希望能夠看見更多這類的事情，因為在外面的世界還有許多傑出、充滿熱情的人，可以為我們的世界與社會帶來巨大的影響，只要能讓他們擁有機會與屬於他們的位置。」

「我會改變管理團隊的比例，讓女性佔其中的51%。我想這會對薪資平等有所幫助，也能夠幫助女性升遷以及打造更具多樣性的團隊。」

「在聘用人才的時候把眼睛蒙起來，這樣我們的團隊才能稍微反應真實世界。我這麼說是因為在我的職涯裡，我只待過大公司，而每一間公司的權利結構看起來都一樣，完全沒有改變。」

更多人性 More humility

「無論在哪都看得到這一點：人們總是習慣性覺得一切理所當然。我希望大家都能夠到餐廳當服務生兩年，做一些真正的服務業工作。我認為，如果你沒有做過那種經常得站著的工作，那種不是每個人都會對你好的工作，是不會知道真正的社會。總之就是兩年在科技行業以外的扎實工作經驗。」

「我想要改變認為某些獨特的人就是比一般人好上十倍的那種迷思。好像我們只要找到那些獨特的人，讓那些人升遷，讓他們一路扶搖直上、萬事順利，他們就可以解決所有問題。我認為這種迷思創造了獎勵結構與升遷系統，以及對混蛋們的包容，也會讓某些人覺得他們不該加入科技業，就只因為他們不是那種獨特的人。這種迷思對科技造成很多次級文化傷害，所以我希望這種迷思可以消失，而且只要時間一久，在不同領域一定也會有很多正面的響應。」

「我想要改變很多領袖的心態，希望他們可以懂得欣賞差異性，並且謙卑一點。我認為某種程度上成功使我們受傷，因為我們都有很大的盲點，假如我們無法擁有謙卑與自我意識，那麼在之後的十年內，我們將會嚐到惡果。只有強大的領袖可以處理這種在無意間產生的短視心態。」

更多訓練與事業發展 More training and career development

「雖然每間新創或科技公司狀況都不同，但到目前為止，我不認為在人力資源與事業發展這兩個領域中，可以獲得足夠的價值與優先次序，尤其是針對女性與其他少數族群。從我們獲得任用的那刻開始，這些就影響著我們的事業發展，但我們卻在之後才會發現。」

「請為非科技領域的人開設科技大學。科技工作的薪資較高，並且能讓商業人士在商場中更老練。」

「公司必須提供更多發展的機會、延伸學習，並且支援各式各樣的人，這些人不僅是進入科技業的成千上萬年輕畢業生，也包含數十名你所看重的老員工。不需要以創業家精神來執行，只要在他們發展事業時，一路照顧他們。除此之外，跟校友的連結也非常有價值和影響力。」

讓大家一起參與 Bring everyone along

「所有針對女性的俱樂部或其他團體，我會邀請男性踴躍參與。女性聚會的時候，邀請男性當聽眾或客座講者，請他們分享女性可以向前邁進、更勇敢、更大膽的情況。在現今社會裡，女性必須能夠在男性的世界裡生存，那我們要如何擁有更好的生存技巧？」

「我希望會有更多商業人士與工程師的合夥關係，我認為現在多是朝向工程師主導並引領其他層面的情況。」

「我希望正處於職涯中期階段的女性能有更多的導師或職場貴人。大家談論職涯中期的下坡是有原因的，女性不知道如何繼續前進，而科技圈某種程度上雖然被包裝成菁英管理，但對於在事業裡要找到前進動力這件事，其實就像一團迷霧，和其他產業沒有什麼不同，職涯道路越來越窄，能夠選擇的職務越來越少。因此女性需要引導、諮商協助與指導，才能夠更有效管理事業。回顧職涯，我的很多成功經驗，都要歸功於男性經理和導師在很多時刻選擇相信我，告訴我直接去做。我希望大家能夠更認同這類事情。」

有彈性的世界 A flex world

「希望擁有彈性的工時和地點。在這世界裡，對我來說奇怪的是：大部分雇主居然期待大家隨時都在辦公室裡工作。我不明白為什麼大家會對遠距工作有意見，如果我是老闆，我才不在乎這些，我的員工在哪裡上班都可以，可以在海灘，也可以出去散步、跳傘，只要我能聯絡上他們，他們也能夠完成工作，然後在需要開會或報告的時候準時出現，這樣就可以了，其他的我才不管。就算他們想要在凌晨三點到五點上班也無所謂。我認為公司和員工之間要有某個程度的信任，公司也要明白自己決定聘用這些員工的時候，就表示相信他們擁有做到自己承諾之事的能力。」

真正的菁英制度 A real meritocracy

「如果我有魔法的話，我想消除所有無意識的偏見，打造真正的菁英管理。在沒有偏見的世界裡，會有人坐下來跟我解釋：『妳沒有獲得這份職務，是因為某些原因……』假如未來仍想要從事這類型的工作，那麼就應該要釐清哪些事情有助於自己達成目標。」

「我的答案會是建立真正的平等。現在這些不平等，是因為我們在科技業，還是因為整體的社會環境？我們因為無法公平對待彼此，流失了大量擁有天份與熱情的人才，或者阻礙了人們完全發揮能力，我認為這是很嚴重的事。在任何一部星際爭霸戰系列電影中，你會看到艦隊裡能夠容納多元的團隊成員，無法推測哪個是科學家，哪位是艦長。然而，不平等這件事不僅與種族、性別有關，對我來說，這也與社經地位有關。我很樂見在未來的谷歌裡，有礦工的孩子或軍人的孩子，希望在那樣的世界裡——我眼中的香格里拉——我們能夠正確處理這些事，我認為那樣很棒。雖然我們還在努力，希望有天能達成目標，但目前的我仍是無法想像，有一天真的可以純粹只欣賞人的才能。」

後記
Epilogue

當我撰寫本書文案初稿的時候，新冠肺炎正快速席捲全球。那時我的手機在馬路對面的店裡維修，我則坐在Target的咖啡廳裡等待，同時趕著編輯這本書。突然間，我看見各種郵件接連湧入信箱，各種活動、會議和生日派對都取消了，連孩子們就讀的小學也關閉了。那時候進出Target都需要完整消毒程序，我在店裡走來走去，一邊思考著要讓孩子在這段時間做什麼打發時間，一邊快速採購了美術用品與益智玩具。我知道我會居家上班，我也認為學校可能這一個學年都會遠距上課（至少這一年），於是我默默接受這些事，之前的日子和日子裡所伴隨的好壞都已經遠去了。世界正在改變，而且很難預料取而代之的生活方式會是怎樣。

基於眼前的現實，人類很不擅長想像不同的未來，這是人類花了多年時間努力生存所帶來的影響。我們或許擅長面對突然的攻擊，例如逃離一隻熊，在那種緊急狀況下，內在的本能會促使我們立刻做出決策，但若我們看不見敵人，或是面對全面性轉變則難以對付，本能並不會讓我們突然間能夠處理孩子們的居家遠距教育，我想這也是我無法知道世界會如何轉變的原因，我只知道世界一定會轉變。看著我那外向且精力充沛的四歲孩子，面對突然間的社交隔離，我知道這些改變都會在他們的生命中留下痕跡。

我一輩子都是內向者，這個因疫情改變的新世界就像是為我打造的一樣。雖然我知道疫情狀況不會永遠持續，但我看見科技業接受了這件全球性事件，而不再只是商業事件而已。人們的情緒、經濟、健康正在混亂且辛苦地與病毒搏鬥，而科技業則以我前所未見的方式接受此次重大改變。就我有記憶以來，這是我們首次全面性地關注自身健康，而非專注於生產力。在視訊會議中，可以看見同事的家人和居家空間，我們顯然就是在能力範圍內，一起適應得最好的那群人。

這件事有黑暗面嗎？許多女性仍認為失去的遠比疫情造成的損失更多。這個社會仍習慣性把女性視為照顧者，所以女性承擔了大部分的教育及家務責任，因此這段時期也在她們的個人發展上造成威脅，製造更多阻礙，畢竟女性還得照顧孩子、長輩和朋友。社群媒體上出現了有關職場的新問題，像是在視訊會議中出現嬰兒是適當的嗎？這樣是不專業、干擾會議進行，還是一種在會議中的喘息？這是社會進化的例子嗎？還是最後會對我們的發展造成阻礙？此外，女性也在這樣混亂的經濟狀況中遭到資遣，所以她們必須找到下一個能供應家庭，並同時支持事業發展的新職務。面對以上這樣的狀況，一針見血的問題是：社會中有哪些人受惠？哪些人負擔更重？有哪些事情是正面改變？又有哪些是負面的？

我想，對科技業的疑問還是一樣，只是變得更加緊急的需要答案。我們是否能夠聘用更多人力，來打造世界需要的產品？我們是否能夠打造出高端產品，以此對世界有所幫助？身處貧富不均的世界，科技如何幫助縮小差距，而非加劇差異？許多人都已居家工作，是否能夠開始為未來預備不同的工作模式？要怎麼不需要實際聚在一起，卻仍能夠緊密連結，一起打造產品的未來？我們是否能聘用來自全球各地且更多元的人力？如果以上我們都實現了，那麼科技圈裡的女性是否能獲得更多成長？

我希望能夠提供這些問題的答案，但我仍在處理自己的問題，就是這個夏天我該如何找事情給孩子做？並且在哪裡都不去的狀況下，讓大家一覽我的著作。不過，我很興奮科技環境達到了前所未有的成熟度，可以適當地面對世界的改變。許多公司也在成功適應遠距工作之後，宣佈了長期的彈性上班安排，我也是第一次能夠定期和老闆談論團隊成員的想法，而不是討論專案或是升遷問題。在這樣的關鍵時刻，科技業轉移重心，提供起健康資源與資訊，而不是拼命推進公司專案。

這樣的轉換，在疫情的威脅解除之後，仍持續帶給我們機會。我希望本書作為前疫情時期的產物之一，當中保存著好的、壞的、醜陋的一切，可以陪伴我們持續進化，走向更好的未來。

現在我得離開了，因為我要帶孩子出門散步、曬曬太陽。請你們保重，並且非常感謝各位閱讀我的著作，記得和你的同事與朋友分享，也歡迎寫信到adventuresofwomenintech@gmail.com給我你的意見和回饋。

致謝
Acknowledgments

在第一次寫書之前，我在想為什麼著作後面的致謝篇章永遠都那麼長，直到許多人幫助我寫這本書之後（甚至連受訪者的媽媽都出手幫忙），自己才明白，原來少了你們當中的任何一人我都無法完成這件事。

首先我要感謝的是接受我訪問的所有女性，謝謝妳們，讓我闖進妳們忙碌的生活與工作中，我永遠會記得各位的慷慨和在妳們身上學到的事。

感謝卡洛琳史蒂芬（Carolyn Stephen）、喬治亞迪莉（Georgia Dealey）、珍妮佛塔契佛（Jennifer Tacheff）、蜜雪兒彼得森（Michelle Peterson）、瑞秋海曼（Rachel Hyman）和S.M.，妳們一直為我加油、給我建議、成為我的知己。我知道有時候我真的很像瘋女人，但妳們卻從來不會這樣說我，祝福妳們善良的心靈。

致凱特博達克（Kate Brodock）、喬納森羅森伯格（Jonathan Rosenberg）、雪柔桑德伯格（Sheryl Sandberg）：謝謝妳們在我身上賭了一把，並且讓我相信自己可以成功。妳們帶給我的啟發，不只針對這本書，同時也與幫助他人有關。

致凱倫維克爾（Karen Wicker）：謝謝妳無盡的建議、關心與支持。我好慶幸自己沒頭沒腦地寄了一封電子郵件給妳，於是恢復了我們的聯繫。

致瑪瑞莉尼卡（Marily Nika）：感謝妳不僅回答我的問題，還主動為本書貢獻了內容，妳的經驗和洞見都是我所珍惜的。

致老讀者，包括林艾莉西亞（Alicia Ling）、雅帕娜提瓦莉（Arpana

Tiwari）、卡蜜海克森（Camie Hackson）、周克莉絲汀（Christine Chau）、迪米崔拉撒雷（Dmitry Lazarev）、李艾瑞卡（Erica Lee）、芙樂諾斯莉（Fleur Knowsley）、潔內薇崔查斯（Genevieve Strycharz）、葛蘭羅斯（Grant Rose）、雅各布瑞斯（Jocob Brace）、潔西卡拉斯（Jessica Loss）、約瑟夫里托（Joseph Little）、琳希萊爾（Lyndsay Lyle）、瑪雅拉桑（Maya Razon）、芮妮李察森高斯琳（Renee Richardson Gosline）、林雪莉（Sherry Lin）：感謝你們幫忙試讀當時尚未完成的內容，並提供回饋和給我鼓勵。

致一路走來給予我幫助或建議的人，包括亞當斯邁利波瓦爾斯基（Adam Smiley Powalsky）、艾倫伊格爾（Alan Eagle）、愛麗森布盧姆菲爾德邁耶（Alison Bloomfield Meyer）、布萊恩克尼根（Brian Kernighan）、卡萊格林（Carlye Greene）、格雷麥克貝斯（Greg McBeth）、漢斯彼得布朗莫（Hans Peter Brondmo）、詹姆斯勒凡（James Levine）、珍奈加麗鮑迪（Jennye Garibaldi）、莉茲度貝爾曼（Liz Dubelman）、瑪妮塔夏爾瑪（Manita Sharma）、瑪莉莎拉鮑德雷洛（Marisella Bodrero）、米契約爾（Mitch Joel）、蕾娜莎德勒舒林格（Raena Saddler Schellinger）、黃蕾貝嘉（Rebeca Hwang）、羅伯洛斯寇夫（Robert K. Roskoph）以及莎曼珊卡林（Samantha Karlin）：雖然你們不必花時間，但你們所做的對我來說非常重要。

致Wise Ink出版社的優秀夥伴們，特別是達拉貝瓦斯（Dara Beevas）與派翠克馬霍尼（Patrick Mahoney），是他們讓這本書問世，我很幸運能找到你們。還有我們的夥伴安妮特拉巴德（Anitra Budd）、凱薩琳博林（Katharine Bolin）、盧克博德（Luke Bird）、馬歇爾戴維斯（Marshall Davis）與湯姆史東曼（Tom Stoneman）。

致我的每位老師、顧問與職場貴人，就算在我看起來沒在聽的時候，其實我一直在傾聽，謝謝你們的智慧、耐心與時間。致我過去和現在的團隊成員，關於成為領袖與做人，你們教了我很多，感謝你們每天激勵我，讓我在各位身上得到鍛鍊。致我的母親、父親與兄弟，他們從未放任我成為配不上自己的人。最後，我要感謝我的丈夫與孩子，感謝他們對我的工作和這本書的無限支持，特別是在我脾氣暴躁的日子。

附錄
APPENDIX

導師指南
Mentorship

（本篇文章是由瑪瑞莉尼卡撰寫）

成為帶領別人的導師是有趣又冒險的經驗，並且這一定會讓你擁有可以和別人分享的故事。

什麼是導師指導？這是為誰提供的呢？

網路上可以找到許多對導師指導（mentoring）的定義。對我來說，導師指導是指能夠向在同領域中景仰的人學習。以下有更多其他定義：

- 導師指導是半架構式的引導系統，由一人分享自己所擁有的知識、技能以及經驗，來幫助他人在個人生活與事業中前進——劍橋大學
- 導師指導是指一段關係中，有一位更有經驗或擁有更多知識的人，幫助引導另一位較缺少經驗和知識的人——維基百科

我所認為的導師指導沒有固定公式，而這也是為何人人都能適用。只要有兩個人對某項特定的職業擁有熱情，願意一起討論他們的經驗、彼此支持，並追求專業成長、成功與自信，這就是導師指導。導師與學生可能來自任何背景，年資各異。事實上，他們的經驗越多元越好！

拜網路所賜，就算大家位處不同的地點或時區，仍可以參與導師指導。參與導師指導的人可以隨時彼此學習（雙向導師）、一起學習（同儕導師）或是請資淺的一方指導資深的一方。結束時，你所學到的內容就是你的資產。

科技行業裡，導師指導通常是雙向的，這是因為科技的步調飛快，每天都有新科技推陳出新。在彼此討論時，會發現越來越多的工具與資源，並且經常在試錯，縱使有一方資歷較淺，但他們通常擁有最新的洞見與知識，可以傳遞給導師，因此學習結果是雙向、互惠的交流。

尋找導師

有很多尋找導師的方式。當我還是學生的時候，我列出了一組「萬神殿」陣容，當中的人都是我景仰的對象，我希望有天能夠向他們學習。直到今天，我仍繼續在清單裡增加新的名字，只要在實際生活中能和清單中的許多人互動，都令我感到驚喜。以下有一些如何找到導師，以及打造你自己的萬神殿的方式。

● 大學時期

假如你現在還在大學校園，可以前往你的科系辦公室，通常那裡會提供正式的導師指導計畫，如果沒有提供，那麼就自己設計一個！

● 工作會議

如果你有機會參加學術或專業會議，記得把握和他人建立關係的機會，會議是彼此認識的最好平台，可以分享興趣與熱情。會議中社交時間的目的就是「彼此接觸」！勇敢地走向別人自我介紹、把名片發出去、用網路保持聯繫，你不會知道這些聯繫最後會為你帶來什麼樣的結果，他們可能是未來合夥人、好朋友，或是能夠引薦你的貴人。

● 網路社交平台

對於聯繫你在事業上景仰的人不需要猶豫，透過社交平台搜索，然後發送訊息給他們，說明聯繫他們的動機，就算對方不回覆你，也沒有損失。以下提供訊息範本：

XXX您好，

我聽了您在XX會議上的演講，還有讀了您在XX刊物上的文章，因此想要和您聯繫。如果有機會，想與您聊聊某個主題。

為什麼要成為導師？

由女性指導的女性，能感受到更多支持，並且對職涯更加滿意。

—— LeanIn Tips

所有人都可以按照自己的能力與步調擔任導師，或是成為被指導的人，可能只需要花30分鐘的時間，就可以改變別人的生命，也可以改變我們的。事實上，你可能已經在擔任別人的導師，例如你經常回答別人提出的職業問題，或是幫助比你年輕的人；如果你曾經向更資深的人尋求建議，那你多半已經是學員了。導師指導對他人的幫助很大，例如：

1. 你過去的經驗可以為他人的生命帶來正面的轉捩點。
2. 你有機會加強自己的技巧與知識。
3. 你能夠跟上自己公司或是職務以外的世界。
4. 導師指導的幫助在各方面都超乎我們的期待，並且轉化的不只是學員的生命，同時也包括你的。

找到學員

想要成為導師，你只需要抱持開放的態度。找到學員比你所想的簡單，因為通常學員會自己找到你。

- 社群媒體：確認LinkedIn訊息和參與線上科技社群。你多半會成為別人的提問對象，你可以回答這些問題，並且和某些想要向你學習的人碰面。
- 在會議上建立人際關係，並對茶水間或休息室的聊天抱持開放態度。

- 參加科技會議與徵才活動，可以去擔任講員或是評審。

導師指導沒有標準模式，假如你覺得自己過於忙碌而難以勝任導師，以下有一些調整時間的方式。

- 利用短暫的咖啡時間，約定以30分鐘為限，一週一次。
- 利用通勤時間以電話指導，而不是用來聽音樂或是聽Podcast。
- 間接的導師指導可以透過社群媒體進行，例如在線上討論區，提供一些指導建議。

導師指導的注意事項

請好好享受導師指導時間，這會是一個非常有趣的經驗，並且可以創造長久存在的關係。還有，要擁抱你的成功，不要隱藏這些經驗，你能擁有一席之地是因為你值得。

- **傾聽是關鍵**

雙方時間都有限，所以盡可能好好利用。真實地彼此傾聽，確保有效溝通目標或是想要解決的問題。

- **不要害怕說出你的擔憂、失敗經驗或是軟弱的時刻**

導師和學員的關係基礎是信任、保密與尊重。彼此越真誠地溝通，越能夠在這段時間裡獲得更多。

- **不要美化任何事**

就算失敗，也一定有機會可以捲土重來，請分享失敗經驗與學到的事，和你一路上克服的問題與困難，不要美化你的故事。

騷擾資源與幫助
Harassment Resources and Support

本書也針對遇到騷擾時的狀況，整理了可以獲得支援的求助管道。由於原書提供的資源僅適用於美國地區，所以此處依照台灣的狀況調整。有關美國最新的資訊與額外資源，則請參考www.eeoc.gov）

在職場上遇到性騷擾時，**你有權要求對方立即停止行為**。但如果情況不允許、無法當面對質，或對方沒有停止行為時，可以遵循以下步驟申訴：

【公司內部支援】

- 確認公司是否訂定**職場性騷擾防治措施**。根據性別工作平等法，員工人數達30人以上的公司，就需要訂定職場性騷擾防治措施，並且公告、張貼在工作場所中明顯處。如果沒有，請向主管或人力資源部門同仁詢問，並索取副本。勞動部也有制定「工作場所性騷擾防治措施申訴及懲戒辦法訂定準則」，可以更明確知道如何訂定相關措施。

- 如果公司有訂定相關措施，請遵循政策中的步驟。該政策應該提供各種通報騷擾行為的選項，包括申訴程序。

- 如果公司沒有訂定相關政策，請你與主管討論，對方可以是你的主管、騷擾者的主管或組織內的任何主管，向他們說明發生經過，並請對方協助停止騷擾者的行為。

- 為避免申訴人遭到報復或議論，雇主在處理性騷擾的申訴時，應該以不公開的方式進行。

- 根據勞動部規定：申訴自提出起二個月內必須結案；必要時，得延長一個月，並通知當事人。如果對申訴決議有異議，要在收到書面通知次日起二十日內，以書面提出申復。

更多的「工作場所性騷擾防治措施申訴及懲戒辦法訂定準則」資訊，請參考：https://law.moj.gov.tw/LawClass/LawAll.aspx?pcode=N0030019

【外部支援】

- **110報案：**由警方直接到現場處理，包含收集證據、協助就醫、製作筆錄等。
- **113專線：**全年無休的24小時專線，當遇到家庭暴力、性騷擾、性侵害等捆擾時，能夠由社工協助媒合政府資源，讓受害者快速得到協助。
- **婦女救援基金會：**提供免費電話諮詢，幫助受害者了解需要的協助，並與社會福利資源連結。連絡電話：(02)2555-8595。
- **校園輔導資源：**如果你還是學生，學校除了有通報的義務、輔導學生的責任，也會有對應的心理諮商等資源。
- **各直轄市、縣（市）政府性騷擾聯絡窗口：**如果對性騷擾事件申訴處理相關行政程序有任何疑問，也可洽詢各直轄市、縣（市） 政府社會局（處）。

【事後的心理協助】

性騷擾所造成的負面情緒與心理狀態，可能是嚴重的壓力來源，因此需要幫助非常正常。若需要其他支援和諮詢，可以考慮以下管道（在此附上部分求助管道）：

- **1925專線：**舊稱「生命線」、「自殺防治專線」。在性侵、性騷擾事件發生後，無論過程和結果為何，創傷經驗對受害者的心理會有極大影響。1925專線即是由衛生福利部心口司所提供，為全年無休、24小時免付費之心理諮詢服務的電話專線。
- **衛生局心理諮商中心：**各縣市都有衛生局開設的心理諮商門診，只要掛號就可以進行諮商，通常會收部分自費，每個縣市的收費不同，但都低於一般全自費的心理諮商服務，以台北市為例，掛號費50元、部分付費200元。
- **親友：**無論選擇何種途徑，都必須先照顧好自己，並讓親友知道你的狀況，成為你最強大的後援。

台灣廣廈國際出版集團
Taiwan Mansion International Group

國家圖書館出版品預行編目（CIP）資料

科技女的職場修練與冒險：Google女性領導人告訴你，從背景、優勢、弱點到必備技能，科技圈女子如何在男性主導世界裡建造事業 / 亞蘭娜．凱倫 Alana Karen作. -- 初版. -- 新北市：財經傳訊, 2023.09
面； 公分
譯自：The adventures of women in tech : how we got here and why we stay
ISBN 978-626-7197-29-5（平裝）
1.CST: 科技業 2.CST: 女性傳記 3.CST: 訪談

484 112010385

財經傳訊
TIME & MONEY

科技女的職場修練與冒險
THE ADVENTURES OF WOMEN IN TECH

作　　者／亞蘭娜．凱倫
Alana Karen
譯　　者／談采葳
編輯中心編輯長／張秀環．**編輯**／蔡沐晨．陳虹妏
封面設計／何偉凱．**內頁排版**／菩薩蠻數位文化有限公司
製版．印刷．裝訂／東豪．弼聖 / 紘億．秉成

行企研發中心總監／陳冠蒨
媒體公關組／陳柔彣
綜合業務組／何欣穎
線上學習中心總監／陳冠蒨
數位營運組／顏佑婷
企製開發組／江季珊

發 行 人／江媛珍
法律顧問／第一國際法律事務所 余淑杏律師．北辰著作權事務所 蕭雄淋律師
出　　版／財經傳訊
發　　行／台灣廣廈有聲圖書有限公司
地址：新北市235中和區中山路二段359巷7號2樓
電話：（886）2-2225-5777．傳真：（886）2-2225-8052

代理印務．全球總經銷／知遠文化事業有限公司
地址：新北市222深坑區北深路三段155巷25號5樓
電話：（886）2-2664-8800．傳真：（886）2-2664-8801
郵政劃撥／劃撥帳號：18836722
劃撥戶名：知遠文化事業有限公司（※單次購書金額未達1000元，請另付70元郵資。）

■出版日期：2023年09月
ISBN：978-626-7197-29-5

感知生命中的每段相遇與對白，
找到和自己合拍的堅定力量

作　者：趙宥美
定　價：450元
出版社：蘋果屋
ISBN：9786269727209

◎ 韓國最大網路書店yes24讀者好評推薦

「我購買了這本書，並寫下了人生第一篇評論。在作者的文字中，我感受到我的困擾正逐漸融化，她的每一句話都重新抓住了不斷在洞穴中掙扎的我。」

「不論翻開哪一頁，都能感受到作者細膩真切的思慮，並從中獲得撫慰的力量。她以敏銳的洞察力，向我們傳遞關於關係和共感的故事。非常推薦大家閱讀這本書。與其因誤解而痛苦，不如試圖給予更多理解，讓自己成為比昨天更好的人吧。」

「當一整天都在消耗情感，或因為他人一句無心的話語而激動不已時，這本書中的句子給了我具體的安慰。在生活中，每個人都曾有過因為他人的話語而哭泣或微笑的經驗。這是一本適合所有人閱讀的書。」